JN253783

今日から
モノ知り
シリーズ

トコトンやさしい

油圧の本

小さな力で大きな力を発生させる「油圧」。液体を使って動力を伝達するシステムとして、機械の自動化や省人化に貢献し、自動車や船舶、飛行機、工作機械などを支える「縁の下の力持ち」です。本書では、油圧の原理から特性、活躍する事例などを紹介します。

渋谷 文昭

B&Tブックス
日刊工業新聞社

はじめに

本書は初心者を対象とした油圧の入門書です。油圧は動力伝達システムとしてあらゆるところで使われていますが、直接目に触れる機会が少なく一般に知られていません。そこで、油圧の世界を知っていただきたいと思いまとめました。独学で油圧の概要をマスターできることに注力し、次の構成としました。

1章「油圧ってなに?」では、油圧は液体を使い動力を伝達する装置であり、機械の自動化や省人化に使われるもので、油圧の原理、油圧装置の構成、油圧の長所と短所および水圧・空気圧との特性の違いを説明しています。

2章は動力伝達の媒体である作動油を取り上げています。作動油の四つの役割である油圧機器のしゅう動部分の漏れ防止、同じく油圧機器のしゅう動部分の潤滑、油動力の伝達および油圧機器の冷却について要点を示しています。

3章は流れの法則を取り上げています。液体の流れを理解しやすいように、すべて定常流れとして扱っています。また、冒頭に速度や圧力などの基準量で現在使われている国際単位系のSI単位を示し、その後の説明が理解しやすいようにしています。

4章は油圧機器の仕組みとして、代表的な油圧機器を取り上げています。油圧システムを理解する基本は油圧機器の作動原理と特性を知ることですが、入門書としてここでは各油圧機器の作動原理の説明に注力しました。

5章は油圧の基本回路です。初心者にとって油圧回路を理解するのは難しいと思いますが、油圧回路は油圧システムを表現するのに便利なツールであり、あえて取り上げています。まず、油圧回路の概要とその中で使用する「図記号」について説明しました。その後に、油圧回路を理解しやすくするため、基本回路の全体を網羅するのではなく最も基本的な回路を絞り込み、それについて油圧機器の内部構造を用いた回路で表現して、油圧回路の動作原理がマスターしやすいように注力しました。

6章は現在油圧が使われている代表的な応用例を取り上げました。油圧は縁の下の力持ちとして部品の製造ラインによく使われていますが、ここでは主に自動車、船舶、航空機など皆さんがよく目にされるものを取り上げました。

全体を通じて、初心者に「油圧とは何か?」を伝え、油圧の世界に興味を持っていただければと思いながらまとめてみました。読者のご参考になれば大変うれしく思います。

また、出版にあたり、大変ご配慮くださった日刊工業新聞社の野﨑伸一様、土坂裕子様をはじめ関係者の方々に深く感謝いたします。

2015年11月

渋谷　文昭

トコトンやさしい

油圧の本

目次

第1章 油圧ってなに？

第2章 作動油の役割

第3章 流れの法則

第4章 油圧機器の仕組み

第5章 基本回路を知ろう

第6章 活躍する油圧システム

【コラム】

第1章
油圧ってなに？

1 油圧の基本原理

液体による動力伝達

油圧とは流体を使って動力を伝達するシステムです。これでは少しわかりづらいので、フォークリフトの例で説明していきます（図1）。

フォークリフトでは、ハンドル操作力の支援装置であるパワーステアリングや荷台の上げ下げと傾きの動作を油圧で行っています。これはエンジンによってギヤポンプを回し、油を油タンクから配管を通して吐き出します。このときに生まれた流体のエネルギーを油圧制御弁に送ります。この油圧制御弁は目的とする力の大きさ、速度、向きをコントロールします。コントロールされたこの流体は、配管を通して「アクチュエータ」と呼ばれるシリンダに送られ、目的の仕事を行っています。

この流体を使ってエネルギーを伝達するシステムのことを一般に「油圧」と呼んでいます。油圧の基本原理は次のとおりです。

図2を見てください。密閉した容器の中の液体に一定の力を加えると、液体は非圧縮性なので、体積は減らず圧力が発生します。しかも、「この圧力はどの方向にも等しく、かつ容器の各面に垂直に作用する」というもので、これは「パスカルの原理」と呼ばれています。

図3はこの原理を応用したものです。連通管の両開口部の断面積の比率を1対50とした場合、小ピストンに2kgのおもりを載せると、大ピストンには100kgのおもりを載せると釣り合いがとれます。これはテコの原理と同じように、液体によっても力を拡大できることを示しています。

これはパスカルの原理によって、小ピストンにも大ピストンにも同じ圧力が発生するために、大ピストンにはこのピストンの面積比に比例した大きさの力が得られるためです。この液体による力の拡大が油圧の基本原理です。

要点BOX

- ●油圧は液体によるエネルギーの伝達システム
- ●基本はパスカルの原理
- ●液体による力の拡大

図1　フォークリフトの油圧装置

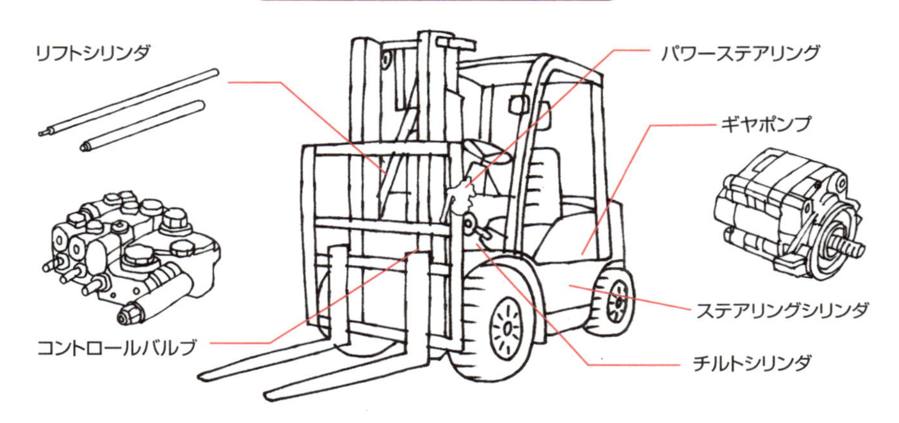

図2　密閉した容器内の液体に作用する力（パスカルの原理）

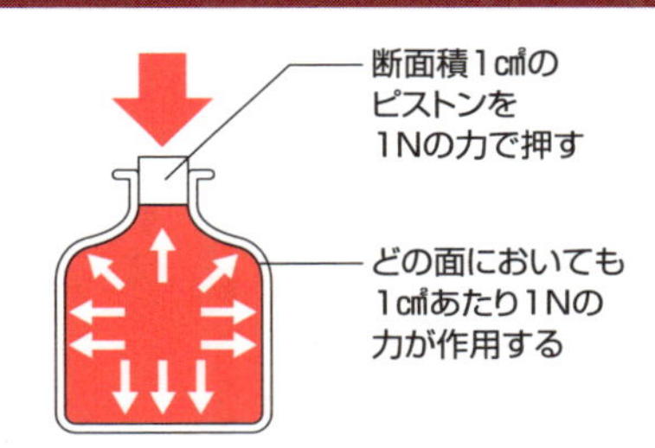

図3　圧力の利用例（液体による力の拡大）

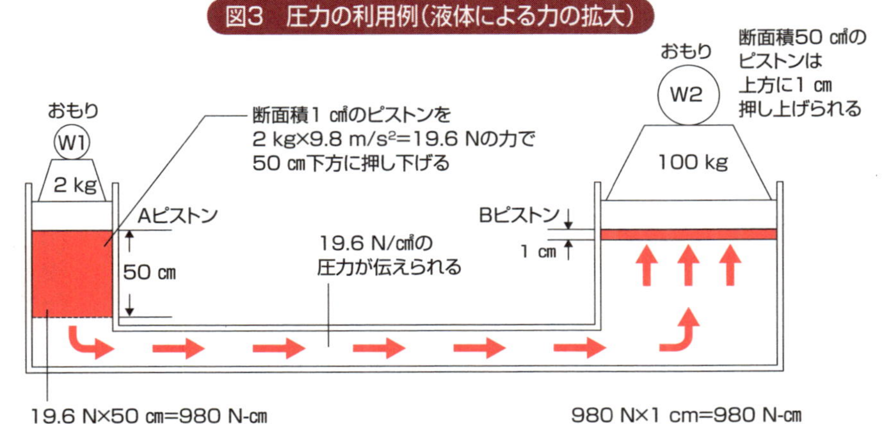

用語解説

N（ニュートン）：力の単位で質量1 kgの物体に1 m/s^2の加速度を生じさせる力。

2 油圧装置とは?

パスカルの原理にポンプと方向切換弁を加える

油圧装置について図の(a)、(b)、(c)、および(d)を用いて説明します。

(a)はパスカルの原理によって、液体による力の拡大ができることを示しています。ハンドポンプのレバーを下げると、シリンダのおもりを上げることができます。しかし、これではレバーを上げるとおもりは下がってしまい、おもりを連続的に上げることができません。

(b)は油タンクとチェック弁を追加したものです。これでハンドポンプのレバーの上げ下げを繰り返すことができます。ハンドポンプのレバーを上げると、油は油タンクからポンプへ流れ込み、レバーを下げると油はシリンダの方へ流れておもりを上げます。これでおもりを連続的に上げることができるようになりました。しかし、まだおもりを下げることはできません。

(c)と(d)は油圧ポンプと方向切換弁を追加したものです。これによって、連続的な動きでシリンダのおもりを上下に往復運動させることができます。

(c)は方向切換弁が切り換えられていない状態を示しています。油圧ポンプが吐き出した油は方向切換弁を通り油タンクに戻り、シリンダへは行きません。この状態ではおもりは停止しています。

図(d)は方向切換弁を上側に切り換えた状態を示しています。油圧ポンプが吐き出した油はシリンダへ流れ込み、おもりを上昇させます。方向切換弁を逆側に切り換えると、油の流れは方向切換弁の中で逆になり、今度はおもりが下降します。これを繰り返すことによって、おもりは往復運動をすることができるようになります。

このように、連続的に油を吐き出す油圧ポンプ、各種制御弁およびシリンダなどのアクチュエータで構成された油の液圧システムを一般に「油圧装置」と呼んでいます。

要点BOX

●油圧装置とは連続的に仕事ができるように構成された油圧システム
●油圧ポンプ、各種弁、アクチュエータで構成

油圧装置の原理

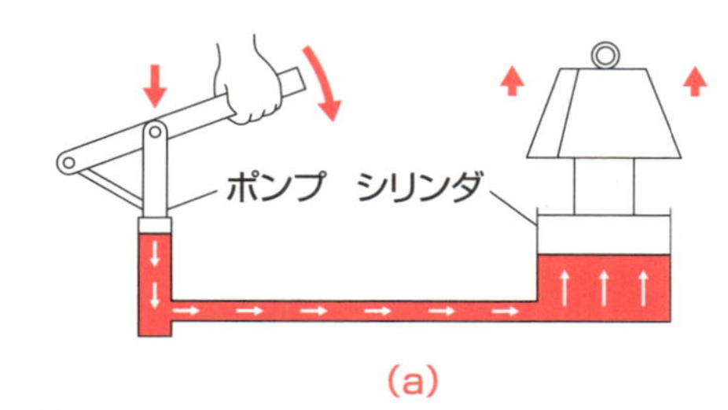

(a)

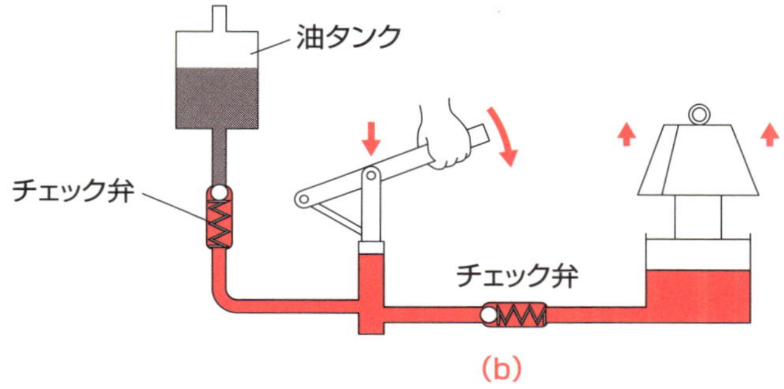

(b)

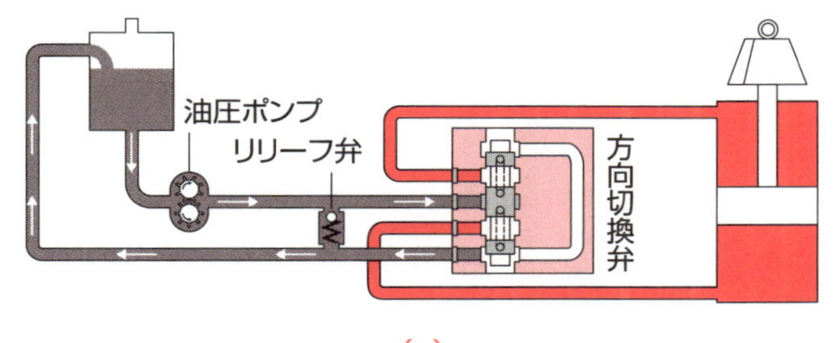

(c)

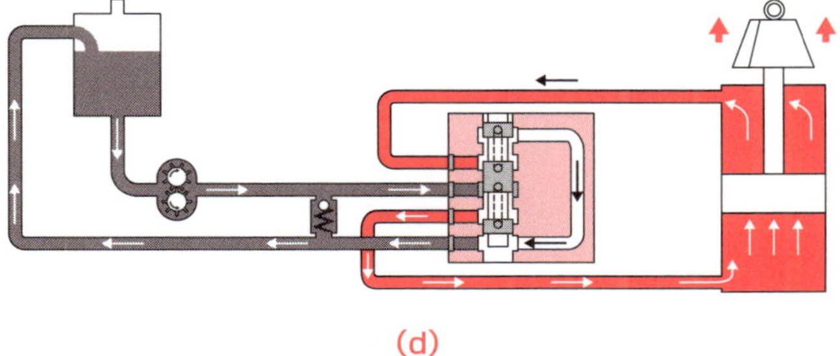

(d)

用語解説

リリーフ弁：回路内の圧力を設定値に保持するために、液体の一部または全部を逃がす圧力制御弁。

3 油圧装置の長所

動力伝達を容易にする

油圧装置は、次に示す主要な長所を生かして、多くの機械の自動化、省力化の手段として使われています。

(1)動力伝達が容易

一般に機械は歯車列、ベルト駆動、チェーンなどを用いて動力を伝達し、カム、リンク、ねじなどで動きを変換していますが、動力源と駆動部分が離れると動力伝達が難しくなったり、機械が複雑になったりします。

しかし、油圧の場合には、動力源の油圧ポンプと駆動部であるアクチュエータとの間を配管で連結することによって、容易に動力を伝達できます。

(2)無段変速が容易

一般にエンジンや電動機などの動力源は効率を高めるために高速回転しています。しかし、この時の出力トルクは小さく、高トルクが必要な場合には適正な回転数に変換する変速機構が必要になります。

しかし、油圧の場合はアクチュエータへの供給流量をゼロから最大値まで連続的に変えるだけで、容易に速度制御ができます。

(3)遠隔操作が容易

油圧ポンプや油圧制御弁の圧力、流量、方向を制御する操作機構には、使用環境に合わせて電気式、油圧パイロット式、空気圧パイロット式などが揃っており、容易に遠隔操作が実現できます。

(4)過負荷防止が容易

油圧の場合は、対象となる油圧ポンプやアクチュエータにリリーフ弁を設けることによって、容易に過負荷を防止することができます。

(5)アクチュエータの馬力密度が大きい

油圧モータは、圧力を上げるだけで高トルクが得られるため、電動式のDC（直流）モータ、AC（交流）モータと比較して、質量あたりの出力は約10倍程度大きくできます。

要点BOX

- ●自由度が大きい動力伝達機構
- ●無段変速、遠隔操作、過負荷防止が容易
- ●油圧モータの馬力密度が大きい

自動化・省力化における油圧のメリット

長所

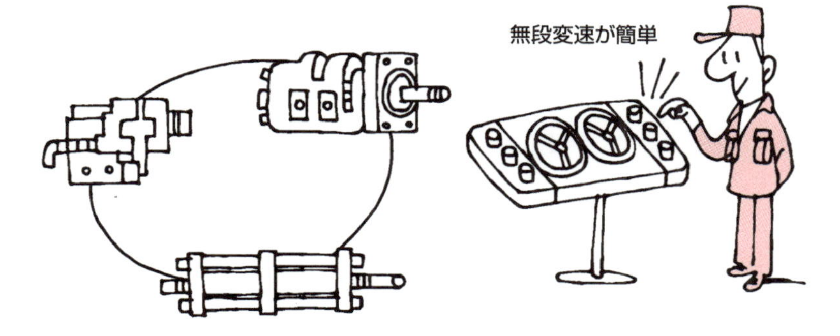

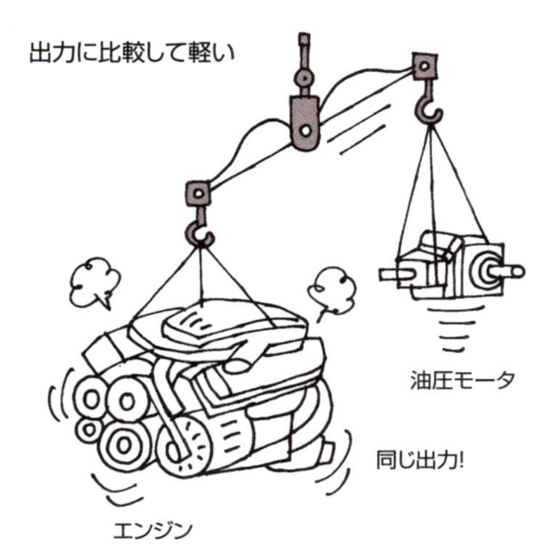

4 油圧装置の短所

外部の影響によって油圧の能力が変化

油圧装置には次のような短所があり、これを克服するように求められています。

(1)汚染物質混入による油圧機器の機能不良

髪の毛の太さ(60μm程度)より小さい汚染物質(一般にコンタミネーションを略して「コンタミ」と呼んでいます)が混入すると、目に見えないために管理がしづらくなります。コンタミは各油圧機器のしゅう動部のすき間と関係し、影響を及ぼします。

すき間より小さいコンタミはしゅう動部分の表面を削り、油圧ポンプ、油圧モータの漏れ量を増大させ、バルブの静特性の変化を引き起こします。すき間とほぼ等しい大きさのコンタミはしゅう動部に入り込み、ピストンまたはスプールの引っかかりによる動作不良やオリフィスの目詰まりなどによる突発故障を引き起こす原因となります。

(2)油温変化による速度の変動

油圧装置の油温が上昇すると、動力伝達の媒体である油は粘度が低下してサラサラな状態に変化します。そうすると、油圧ポンプは漏れ量が増えたり、油圧制御弁は流量特性に変動が生じたりすることによって、アクチュエータの速度が微小に変化します。このため、精密な速度制御を行う場合には、油温を一定に保つことが必要になります。

(3)油漏れ

例えば、1分間に1滴の漏れは1年間で約26ℓに達します。この漏れ出た油は周辺を濡らし、滑りなど事故の原因になりやすく、また、環境の汚染にもなり嫌われます。

油漏れの要因は、油を封止する箇所の表面粗さ、硬さ、形状、シールする材料の選択、シール材料のつぶし量、締め付けトルク、周囲の振動、温度変化、粉じんの有無など非常に多岐にわたります。

油漏れをなくすには設計、組立、保守の段階でそれぞれ留意する必要があります。

要点BOX

- ●油中のゴミがトラブル発生の原因
- ●油温変化によって制御速度が変動
- ●油漏れによる環境汚染には留意

フィルタの使い方

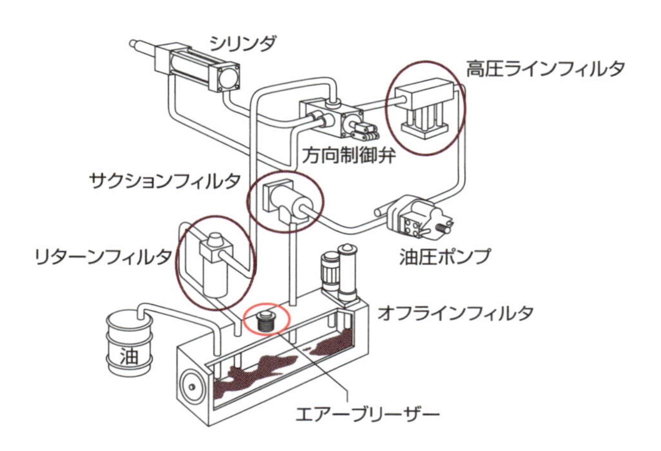

油圧装置の汚染物質の種類

汚染形態	汚染物質
残留 （製造工程中に侵入したものが、各種洗浄で除去できず、残ったもの）	・溶接スパッタや金属片 ・鋳物やショットブラストの砂 ・ウエスなどの繊維 ・塗料の破片 ・酸化物（さび）
内部発生 （運転中に油圧装置内部で発生したもの）	・しゅう動部の摩耗金属粉 ・シール材の破片 ・作動油の劣化によるスラッジ
侵入 （外部から侵入したもの）	・アクチュエータしゅう動部からの侵入ゴミ ・エアブリーザからの侵入ゴミ ・注油時の侵入ゴミ

代表的な油圧機器の隙間と主な摩耗形態

油圧機器	運転中の隙間（μm）	主な摩耗形態
ピストンポンプ ・ピストンとシリンダボア ・バルブプレートとシリンダブロック	20～50 0.5～5	凝着摩耗 アブレッシブ摩耗
ベーンポンプ ・ベーンの側面 ・ベーンの先端	20～40 0.5～1	凝着摩耗 アブレッシブ摩耗
サーボ弁 ・オリフィス ・スプールとスリーブ	130～450 1～20	目詰り アブレッシブ摩耗

5 油圧装置の基本構成

油圧装置は五つの機能に分類できる

油圧装置の基本構成は、一般に上図のように油圧ポンプ、油圧制御弁、アクチュエータ、油タンク、配管およびアクセサリの五つに分けています。下図は油の流れを示したものです。

(1)油圧ポンプ

油圧装置を人間の体に例えると、油圧ポンプは心臓にあたります。心臓は体中に酸素や栄養素を供給するために血液を循環させていますが、油圧装置の場合には、液体で動力伝達を行うために、油圧ポンプが油の吐き出しを行っています。

(2)油圧制御弁

油圧制御弁は外部からの指令を受けて、供給する油をコントロールしています。具体的には、油圧制御弁は供給する油の流れの方向、圧力の大きさおよび供給する油の量（流量）を制御しています。

(3)アクチュエータ

アクチュエータは人間の手足に相当し、仕事を行うものです。油圧装置の場合には油の動力を受けて、シリンダは直線運動を行い、油圧モータは回転運動に変換します。

(4)油タンク

油タンクの主目的は、油圧装置に必要な作動油を貯蔵することです。また、油タンクは外部の塵埃、水分などから作動油を保護したり、混入空気の放出、摩耗粉や油劣化物の沈殿、油温調節などの働きがあります。

(5)配管およびアクセサリ

人間の血管に相当するのが油圧装置の配管です。この配管は、油圧ポンプが吐き出した油をアクチュエータへ送り、アクチュエータから油をタンクへ戻すための通り道です。

また、油冷却用クーラや汚染物質を除去するフィルタ、圧力計などの計測器やアキュムレータなどはアクセサリに含まれます。

要点BOX

- 油の吐出機能と油動力のコントロール機能
- 機械的動力への変換機能
- 油の貯蔵機能と移送機能

油圧装置の基本構成

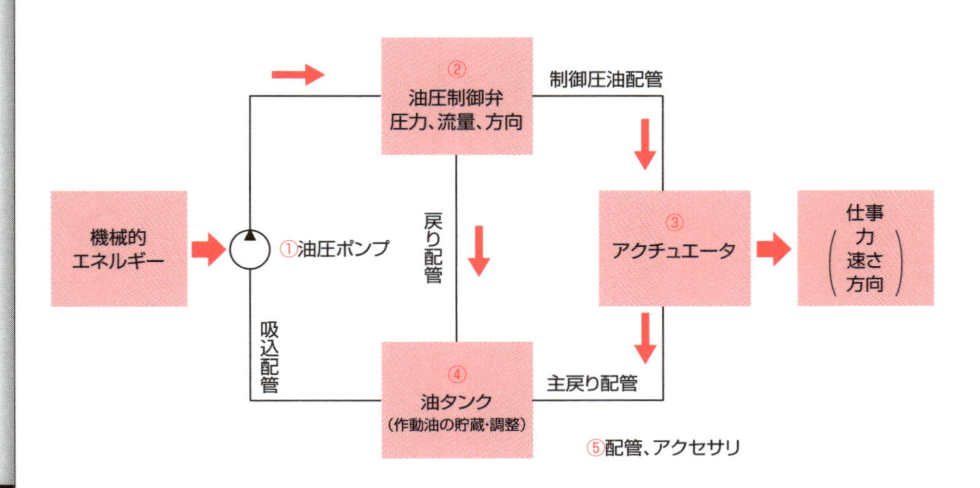

油圧装置内の油の流れ

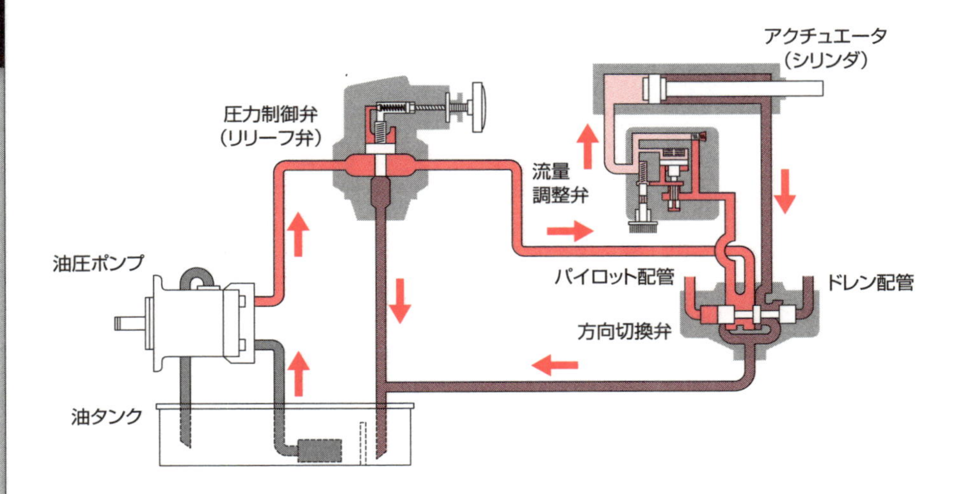

用語解説

アクセサリ：一般には油圧装置の附属品の総称。

6 油タンク

大気開放形タンクの基本構造

油タンクはその構造から大気開放形、密閉形、加圧形の3種類に分類されます。密閉形は外部の大気環境がよくない製鉄機械などに、加圧形は航空機の操縦系統などに使われています。ここでは、一般的な大気開放形タンクについて要点を示します。

大気開放形タンクは、油タンク内の空気がエアブリーザ（通気用のフィルタ）を通して大気に通じており、油面変動にかかわらず油タンク内の圧力は大気とほぼ同じです。油タンクの底部は、油の排出を容易にし、放熱をよくするために、据付け床面から150㎜以上離すことが望ましく、また沈殿した不純物がタンク前面に集まるように、底板は前面に向かって1／25～1／20くらいの傾斜をつけるのが望ましいです。

油中の気泡をポンプに吸わせないことが重要です。油中に気泡が混入する原因の大部分は、油タンク油面からの空気の巻き込みで、これを防ぐには戻り配管を必ず油中に入れることです（下図）。このとき、タンクの底に沈殿している不純物を攪拌しないように、戻り管の先端を45度の角度にカットし油の戻り流速を下げます。また、管端とタンク底との距離は管外径の約2倍とします。

また、戻り油がポンプに吸い込まれるまでの滞留時間をできる限り長くし、油中の気泡を空気中に放出することが重要で、このためにタンク内には隔壁（JISでは仕切板、一般にはバッフルプレートと呼んでいます）を設けています。隔壁の設置方法には、一般にオーバフロー標準形式、回流方式、オーバフロー形式の3種類があります。

その他の事項も、油タンクは「JIS B 8361油圧―システム及びその機器の一般規則及び安全要求事項」で規定されています。

要点BOX
- ●油タンクの構造は3種類
- ●エアブリーザは通気用のフィルタのこと
- ●気泡をポンプに吸わせないタンク構造

大気開放形タンクの構造

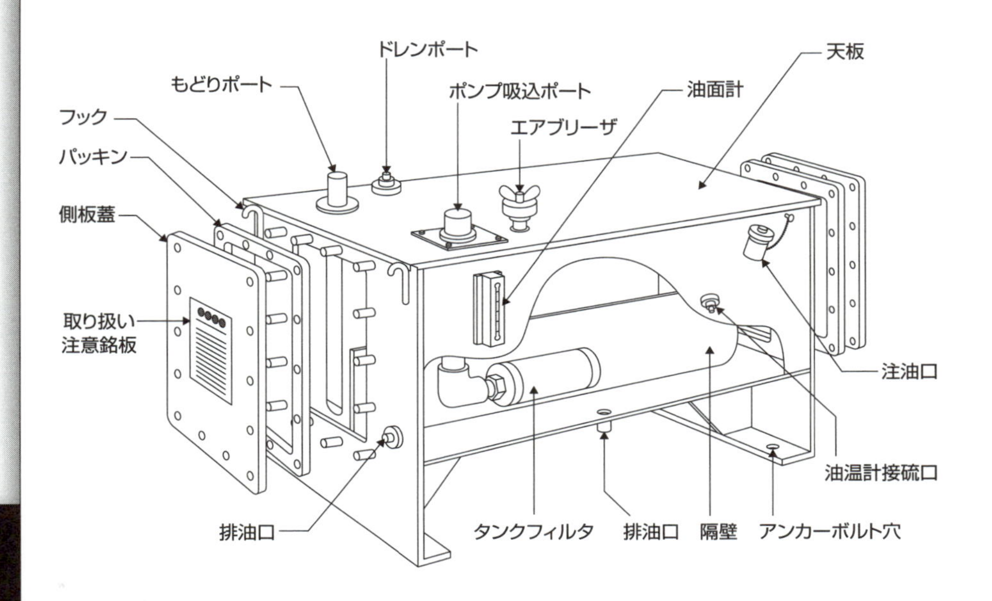

戻り管

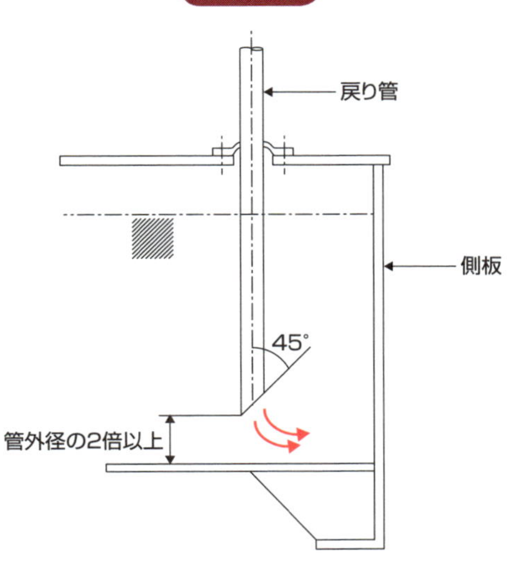

用語解説

JIS：Japanese Industrial Standardsの略称で、日本工業規格（JIS規格）のこと。油圧・空気圧機器およびシステムに関するJISは一般社団法人日本フルードパワー工業会で取り組んでいる。

7 配管

油漏れを防止する配管施工の基本事項

配管は油タンクと油圧ポンプ、制御弁、シリンダなどの油圧機器の間を接続し、流体動力を伝達する油路と制御弁を操作するためのパイロットやドレンの油路があり、油圧装置の重要な機能部品です。

ここでは、油漏れをなくすために油圧の配管で特に考慮しなければならない要点を示します。

(1)継手の数を最小化

エルボ継手のかわりに鋼管を曲げて、可能な限り1本の配管とします。これは油漏れの箇所を少なくするとともに、管内の流れをスムーズにしてショックを低減させるためです。

(2)継手の増し締めが可能な位置間隔を保つ

3本以上の配管において、継手を並列または千鳥に設置する場合には、各パイプ間のピッチは規定の最小ピッチの数値以上とします。

(3)圧力変化や温度変化によって生じる配管の応力が最小になるような配管形状

熱による管の変形量は長い管ほど大きいですが、ベンド部分やホース部分を設けることによって、配管に加わる力が緩和できます。内圧が作用すると、管はまっすぐになろうとする性質により応力が発生しますが、配管途中に可とう部分を設けることによって、配管の形状変化が吸収できます。

(4)配管の防振対策

配管形状に応じて、適切な間隔で配管をクランプします。

(5)適切な管継手の使用

管継手にはねじ込み式、フランジ形溶接式、フレア式、フレアレスくい込み式など多くありますが、JIS B 8361では、管用テーパねじはシール性が完全でないために、油圧ポンプでの使用を禁止し、かわりに弾性体シールを用いた継手を推奨しています。今後はこのJIS B 8361が推奨する管継手を使用することが望まれます。

要点BOX

- ●配管は油圧装置の重要な機能部品
- ●継手の数を最小化し油漏れ箇所を少なくする
- ●管用テーパねじは使用禁止

継手の数を最小化

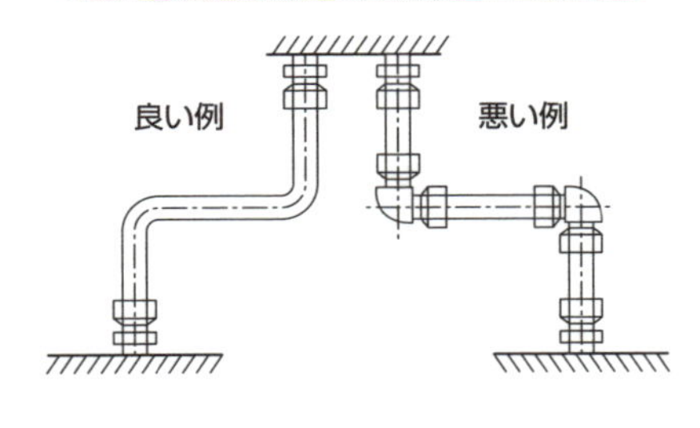

継手の位置間隔

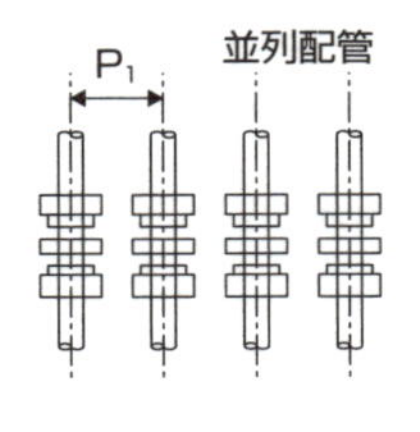

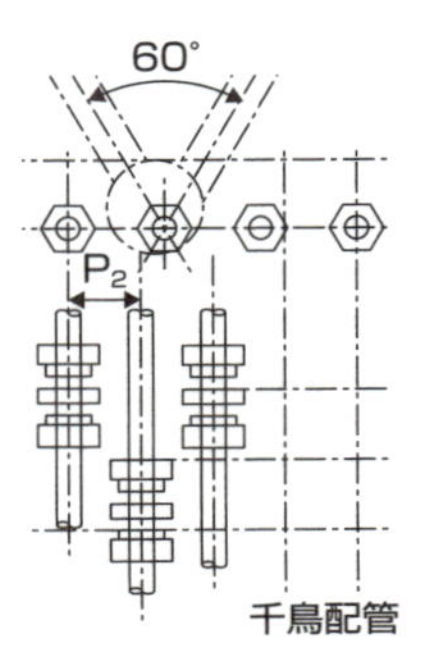

各パイプ間最小ピッチ

単位mm

パイプ径	並列配管 P_1	千鳥配管 P_2
6	37.5	37.5
8	↑	↑
10	50	↑
12	↑	↑
15	75	50
16	↑	↑
20	↑	75
25	100	↑
30	↑	↑

加工誤差、温度変化および圧力変化に対する配管の逃げ

短い管の両端を固定する場合曲げ加工の誤差が大きいのに無理に固定すると、管に非常に大きい残留応力が発生する	温度変化や圧力変化が大きい場合、逃げがないと配管には非常に大きい応力が発生する	継手の近くに曲がりがある場合には、配管の寸法形状誤差を緩和する逃げの部分を設ける
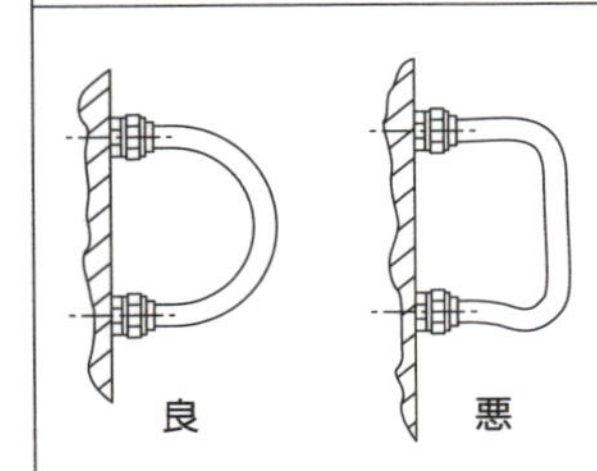	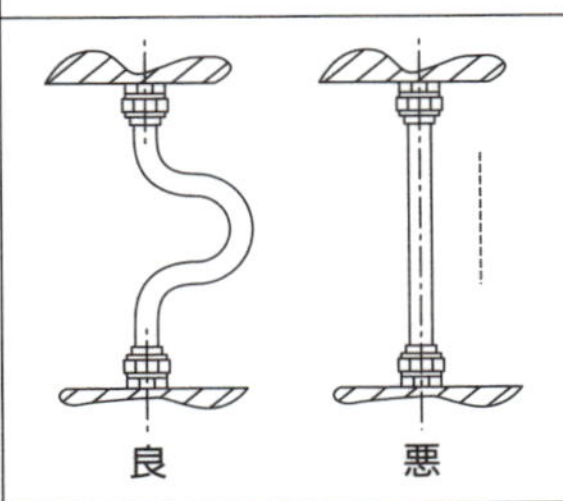	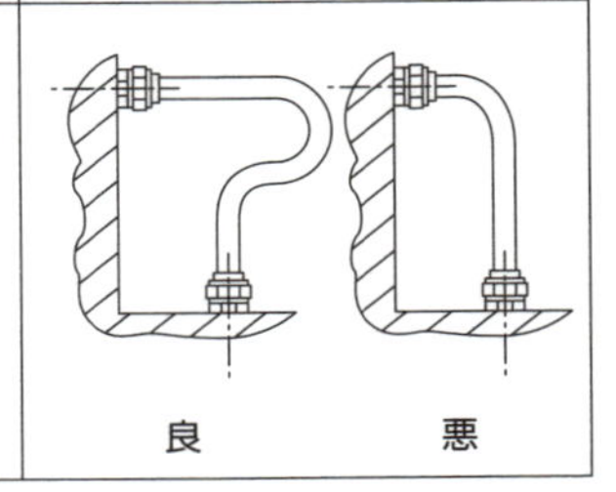

用語解説

ベンド：エルボに比べて曲げ半径が大きいもので、継手として市販されているもののほかに、鋼管をベンダーによる冷間曲げで作られるものがある。

8 フィルタ

作動油の清浄に必要なろ過

油圧装置の機能を長時間維持するには、常に作動油を清浄に保たなければなりません。フィルタは油中の汚染物質を捕捉するための機器ですが、使われ方は一般に次の3通りです。

(1)ストレーナの設置

油圧ポンプは吸込抵抗が増大しキャビテーションが発生するのを防ぐために100〜150メッシュの粗い目の「ストレーナ」を吸込管路に使います。これは汚染物質の捕捉が目的ではなく、主に気泡の吸込防止と油圧装置の組立中の残留コンタミによる初期トラブルを防ぐためのものです。

(2)管路フィルタの設置

これは高圧ライン用(サーボ弁などのIN側に設け、高精度機器を保護する目的のもの)と戻りライン用(一般的に用いるもの)があります。

(3)オフラインフィルタの設置

管路用フィルタでは目標の清浄度が得られない場合に、専用のポンプとフィルタを用いるもので、微細な摩耗粉などを除去します。

上図に汚染粒子とストレーナの網目サイズの比較、下図に高圧ラインフィルタの構造を示します。汚染物質を捕捉するフィルタエレメントの材料は、一般にろ紙(ろ過精度3㎛、8㎛、25㎛など)、ノッチワイヤ(60〜200メッシュ)、金網(5㎛、10㎛、20㎛、40㎛など)のほか、ガラス繊維、合成繊維などを樹脂で処理したものがあります。

なお、フィルタエレメントのろ過性能の表示は、マルチパス試験装置により算出した平均ろ過比(ベータ値)を使用するようにJIS B 8356-8で規定されています。

例えば、B_{10}=200のフィルタは10㎛以上の粒子を99.5%除去し、B_3=2のフィルタは3㎛以上の粒子50%除去することを意味します。

要点BOX

- ●フィルタの使い方は3通り
- ●β値がろ過性能を表す
- ●守るべき油圧機器の清浄度レベルがある

汚染粒子と網目サイズの比較

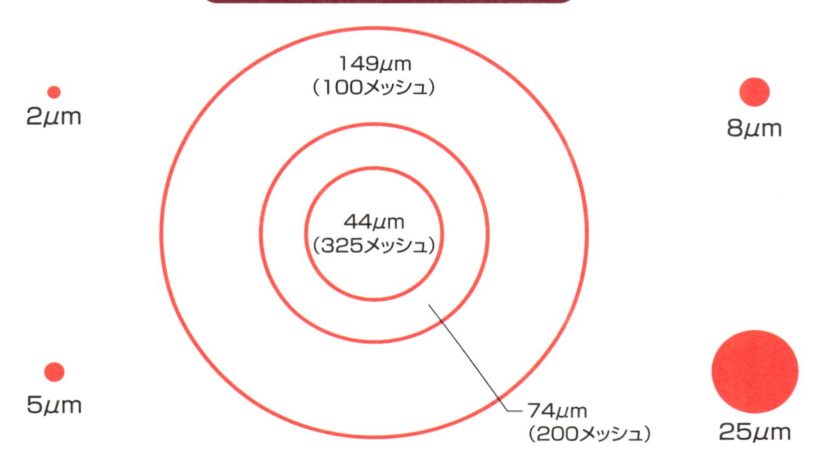

高圧ライン用フィルタ

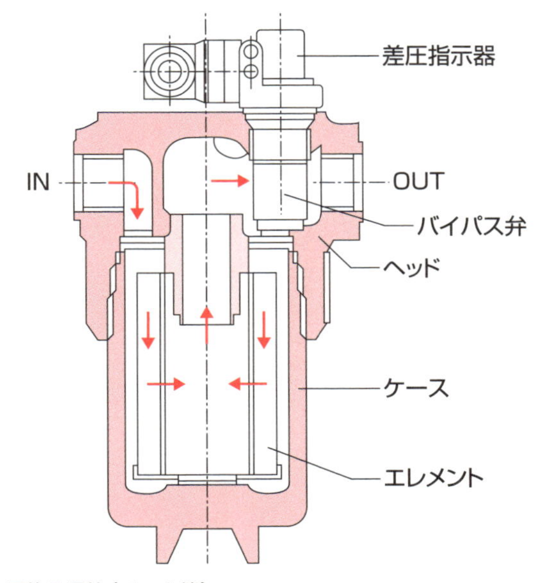

平均ろ過比(ベータ値)

$$Bx = \frac{\text{フィルタ入口で計測されたX μm以上の粒子の数(個 /mL)}}{\text{フィルタ出口で計測されたX μm以上の粒子の数(個 /mL)}}$$

用語解説

フィルタ：粒子の大きさ別に流体から汚染物質を捕捉する機器。
ストレーナ：汚染粒子を捕集する金網などで作られた目の粗いフィルタ。

9 クーラ

適切な油温を維持する冷却装置

油圧装置の油温が60℃以上になると、作動油は酸化劣化が促進され寿命が短くなります。また、油圧ポンプの効率も低下し、エネルギー損失は増大します。その他、油膜が切れてポンプ焼付きの原因ともなります。このことから、油温は60℃を超えないようにコントロールされます。

冷却方法は、一般に次のようになります。

油タンクからの放熱は効率が悪く、一般には用いません。これは油タンク周囲の空気の熱伝導率が非常に小さく、この空気が冷却を阻害しているためです。

現在は、熱伝達効率が高く、圧力損失も小さい水冷クーラが最も一般的に使われています。熱伝導率の最も優れる銅パイプの中に冷却水を通し、パイプの外側には高温の作動油を強制的に対向させるように流して冷却効果を上げています。水冷クーラの内部構造を下図に示します。

水冷クーラの場合の油温制御の方法は、一般にサーモスタットで制御温度範囲を設定し、上限を検知したら冷却水を流し、下限を検知したら冷却水を止めるように、水用電磁弁をON－OFFさせています。

冷却水が得られない場合や工作機械のように水を嫌う場合には、空冷式熱交換器（ファンクーラと呼んでいます）が使われます。ファンクーラは発熱量の小さいものに限定されますが、周囲の空気が滞留せず、循環するようにしないと冷却効果が得られません。

また、工作機械において高精度の油温制御が必要な場合には、冷媒式クーラを使うこともあります。

なお、油圧装置の発熱は可変容量形ポンプのドレンと、定容量形ポンプのリリーフ弁からが主であり、クーラはドレン管路またはリリーフ弁の戻りラインに設けるのが一般的です。ドレン管路に入れる場合には、ポンプハウジングの許容背圧に注意します。

要点BOX
- ●高温は作動油の寿命を短くする
- ●水冷クーラは最も冷却効果が大きい
- ●高温はポンプ効率も低下させる

油タンクからの放熱の場合

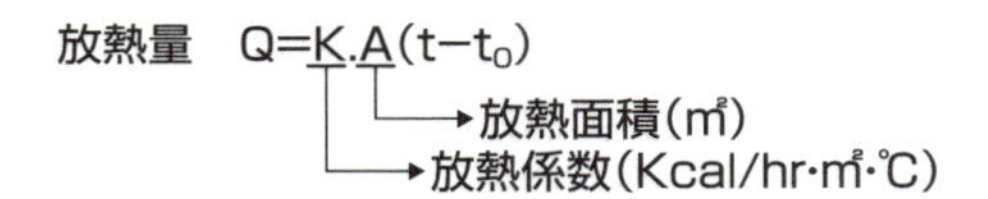

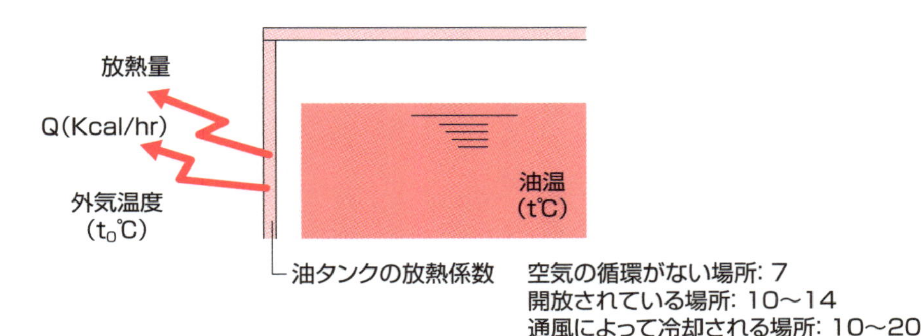

油タンクの放熱係数　空気の循環がない場所: 7
開放されている場所: 10〜14
通風によって冷却される場所: 10〜20

強制対流形水冷クーラ

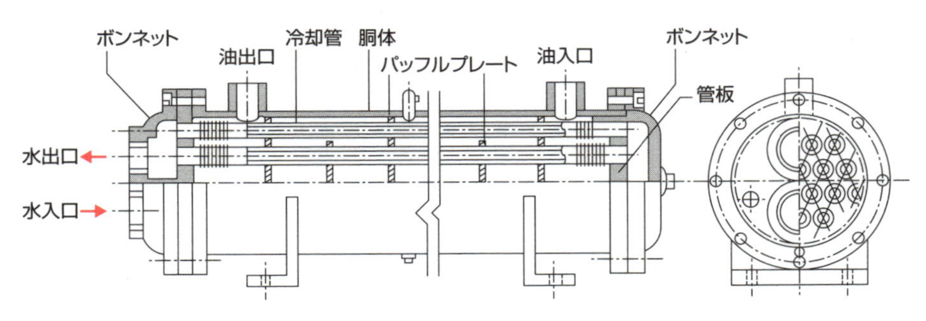

放熱量　$Q=K \cdot A \cdot \eta \cdot \triangle tm$

ここに
- クーラの熱伝達係数　K=400〜650　フィンチューブの場合
- =200〜300　ベアチューブの場合
- 伝熱面積:A(㎡)
- 平均温度差:$\triangle tm$(℃)
- 平均温度差補正係数:$\eta=0.95$

10 シール

油圧装置からの油漏れをなくす重要部品

油圧装置は、動力伝達の媒体に作動油を使用しているため、これを封止する箇所は至る所にありますが、この封止技術の進歩が油圧技術を支える大きな役割の一つといえます。この流体の漏れ、または外部からの異物の侵入を防止するための密封部材を「シール」と呼んでいます。

シールは一般に運動用シールと固定用シールに分けられます。油圧装置の場合には、運動用シールの代表的なものはシリンダピストンの往復運動部分（上図）とポンプ軸の回転運動部分（下図）があります。固定用シールは、接続ポートやプラグ部分などがあります。

パッキンの形状と材料は非常に多くの種類があります。代表的な形状はVパッキン、Uパッキン、Oリングと組合シールがあります。材料には各々にニトリルゴム、ウレタンゴム、ふっ素ゴムと布入りゴムがありますが、これは作動油との適合性で選ばれます。石油系作動油はいずれの材料も使えますが、水グリコールはウレタンゴムが、りん酸エステルはニトリルゴムとウレタンゴムが使用不可です。また、パッキンには最高許容圧力があり、高圧で使用するにはバックアップリングを併用します。

ここでは、代表的な運動用シールのオイルシールと固定用シールのOリングについて要点を示します。

オイルシールのリップ先端はくさび状の断面形状を成し、先端部で軸表面を押し付けて流体を密封しています。ダストリップ部は補助的に付けられたばねなしのリップでダストの侵入を防いでいます。

Oリングはゴム輪のような単純な形状で使い勝手がよいため、運動用と固定用の両方で最も多く使われているシールです。Oリングについては、JIS B 2401のパート1で基準寸法、材料の種類と物理的性質が、パート2でハウジングの形状と寸法が規定されています。

要点BOX

- ●シールはシリンダのピストンなど往復運動部に使われる
- ●ポンプ軸など回転運動部にも使われる

往復運動部分のシール(例)

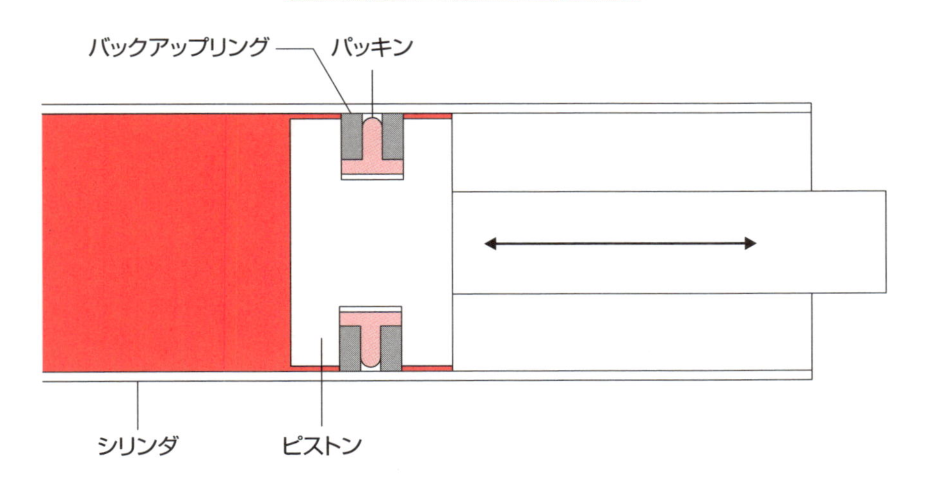

回転運動部分のシール(オイルシールの例)

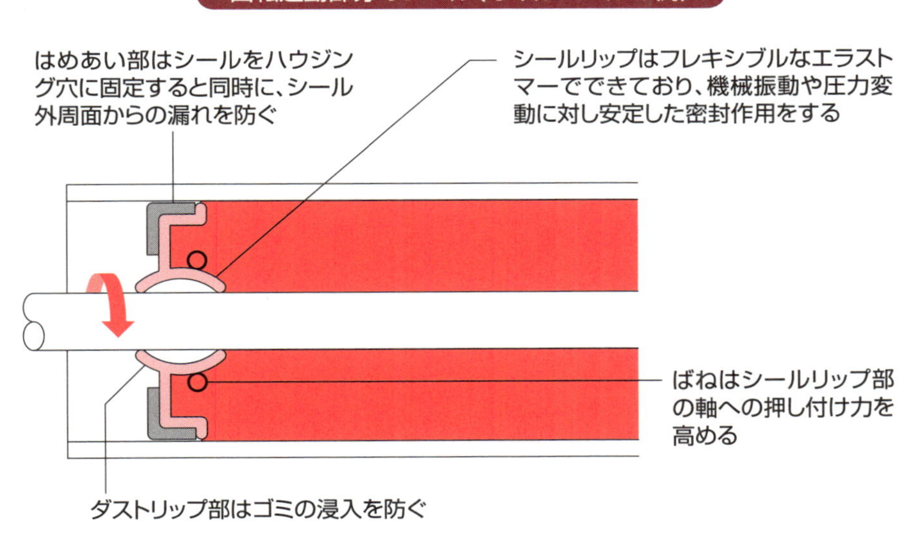

用語解説

パッキン：回転、往復運動などのような運動部分の密封に用いるシールの総称。
バックアップリング：シリンダとピストン間のすき間にシールがはみ出すのを防止するため、すき間とシールとの間に挿入する円環状の板をいう。一般に、四ふっ化エチレン樹脂が用いられる。

11 水圧、空気圧との特性比較

それぞれに一長一短がある

油圧、水圧、空気圧それぞれの制御システムの比較と、水圧、空気圧システムの基本構成を表と図に示します。

油圧、水圧の制御システムは大変似ていることが分かります。両システムの主な違いは作動流体の粘度が大きく異なることと、電解腐食の有無といえます。油圧と空気圧では、制御システムの特性と基本構成が大きく異なりますが、これは作動流体が液体と気体の違いによります。

水圧システムはクリーン性が長所ですが、現時点では次の問題があります。

・金属に電解質である水が触れると微弱な電流が流れることによって錆が発生するため、一般に水圧機器の素材にはステンレス鋼を使用

・水の粘度は、作動油のそれの約1／30～1／60程度。このため水圧機器は油圧機器と同じすき間では漏れが多くなり高圧の保持ができず、水圧システムはこの低粘度対策が重要

現在、水圧システムは水の利点を生かして、機械の洗浄を頻繁に行う食品加工機械やクリーン性が特に求められる半導体関連機械で使用されています。

一方、空気圧システムには次のような特徴があり、さまざまな産業分野の生産設備や、さらにロボットや医療介護などに使われています。

・圧縮性のある空気を使用するためにエネルギーの蓄積が可能で、容易に高速動作が得られる

・作動圧力は一般に0・7MPa以下で、出力は比較的小さく、軽作業の自動化、省人化に適す

・配管系の管理が容易

・多くの事業所には空気圧源があるため、容易に空気圧システムの構築が可能

・空気は粘性が小さく、潤滑性も乏しいため、機器のしゅう動部の摩耗防止には特に留意が必要

要点BOX

- ●油・水・空気は密度と粘度が大きく異なる
- ●水圧はクリーン性が長所
- ●空気圧は軽作業の自動化に最適

制御システムの比較

	作動圧力 MPa	操作力 t	操作速度 m/s	長所	短所	密度 kg/m³	粘度 mm²/s
油圧システム	建設機械 35 産業機械 21 工作機械 7	~30000	1	パワー大 長寿命	コンタミ・油温管理を要する 油漏れによる環境汚染	860	22~68
水圧システム	半導体 14 食品 2	~100	1	クリーン	サビ対策・低粘度対策を要する コスト高	1000	1
空気圧システム	0.4~0.5	~1	10	パワー小の自動化容易 高速	高圧が不可 しゅう動部の摩耗防止に留意	1.2	0.02

一般的な水圧システムの基本構成

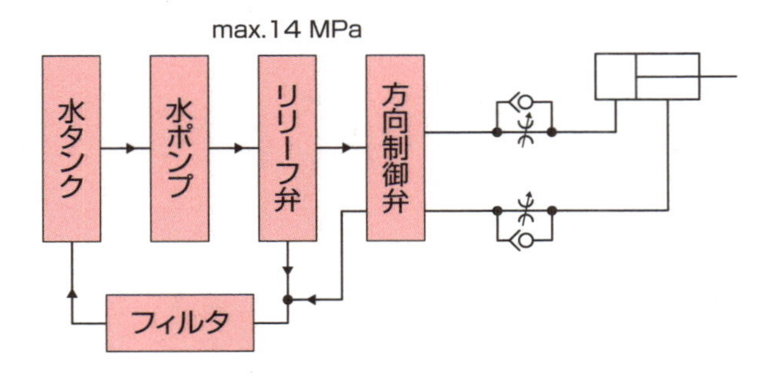

一般的な空気圧システムの基本構成

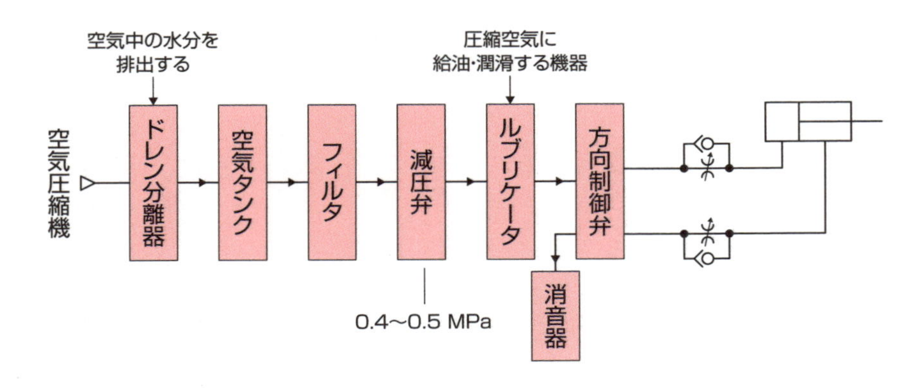

Column

洋上発電に採用!
大型油圧式風車が誕生

現在、期待している油圧システムに大型油圧式風車があります。これは国立研究開発法人新エネルギー・産業技術総合開発機構（NEDO）のプロジェクトが進めているエネルギー供給の国家的開発プロジェクトの一つです。

この発電設備の中心となるのが風車です。世界最大の油圧式大型風車であり、出力は7MW、約400基で100万KWの原子力発電所1基に相当するといわれています。2015年度から福島県の沖合で実証実験を始める予定の浮体式洋上風車です。

従来の風車は、翼の回転エネルギーを増速機で増速して発電機を回していますが、大型化には問題があるといわれ別の方式を開発していました。

この新型油圧式風車は、翼の回転エネルギーを油圧ポンプで流体エネルギーに変換し、その油動力が油圧モータを介して発電機を回すシステムであり、油圧閉回路（5章参照）を採用しています。

発電にあたっては、翼の回転速度が変動しても発電機の回転速度を一定に制御する必要があります。また通常、翼の回転速度は約10回転毎分で、発電機の回転速度は1000回転毎分です。

しかし、風の影響で翼（油圧ポンプ）の回転速度が変動しても油圧モータの回転速を一定に保つように、油圧ポンプおよび油圧モータの傾転角を制御しています。

油圧閉回路はよく見られるシステムですが、この大型油圧式風車はけた違いに大きい油圧ポンプを使用しますので期待も大きい訳です。

また、油圧ポンプと油圧モータは配管によってつなげることができるので、従来機とは異なり油圧モータと発電機を地上に置くことも可能で、保守がしやすくなる可能性も秘めています。

第2章

作動油の役割

12 作動油の役割

油圧機能を発揮させる補佐役

油圧装置は液体を媒体として動力を伝達し目的の仕事をしていますが、この液体のことを一般に「作動油」と呼んでいます。

作動油の主要な役割には次の四つがあり、作動油の特性が油圧装置に大きく影響します。

(1)油圧機器のしゅう動部分からの漏れ防止

油圧機器内部のしゅう動部分には一般にシールは使いません。ボディと油路を切り換えるスプールは薄い油膜の上を滑る構造です。従って、高圧側の油路から低圧側の油路には作動油の漏れが生じますが、この漏れ量はボディとスプールとのすき間の大きさおよび作動油の粘度で決まります。この漏れ量を抑えているのは作動油の粘度特性によっています。

(2)油圧機器のしゅう動部分における潤滑

同様に、しゅう動する各部品は摩擦・摩耗を防ぐために油膜で潤滑される構造であり、作動油の潤滑性に大きく影響を受けます。

作動油の潤滑性評価は一般にポンプ試験によっています。

(3)油動力の伝達

油圧装置の動力伝達は、歯車やベルトのかわりに液体である作動油で行っています。

従って、作動油は制御弁の内部や管路の中を流れやすいことが重要です。この流れの抵抗が大きいと動力損失も大きくなります。

また、作動油は可能な限り非圧縮性でないといけません。これはアクチュエータの動きを遅くさせないために重要なことです。

(4)油圧機器の冷却

しゅう動部分の摩擦や粘性抵抗、圧力油の漏れに起因する発熱から油圧機器の温度上昇を防ぐためには、作動油を循環させながら冷却する方法が効果的です。

要点BOX
- ●作動油の大きな役割は四つ
- ●しゅう動部分の漏れ防止と潤滑
- ●動力伝達と油圧機器の冷却

作動油の主要な役割

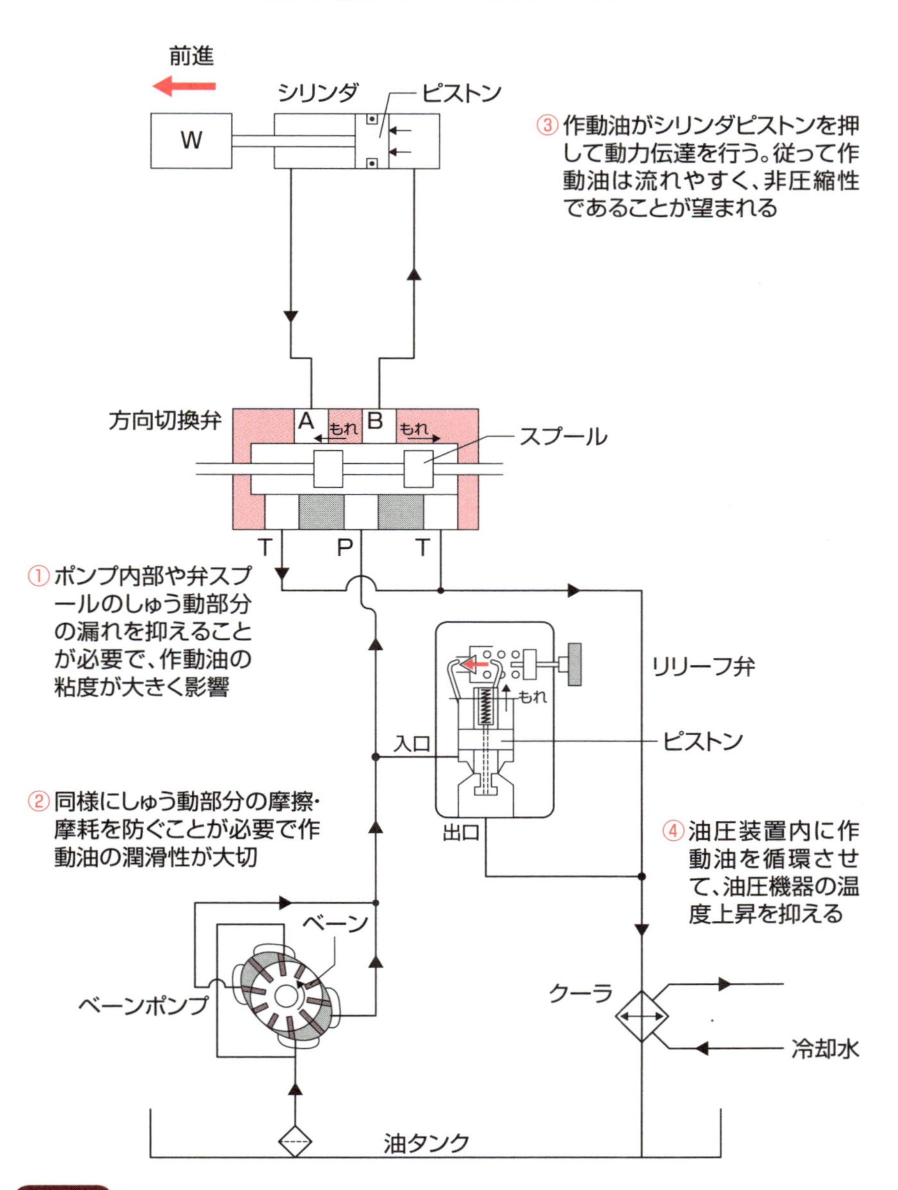

用語解説

しゅう動部分：ベーンポンプのベーンのまわりや先端部分、リリーフ弁のピストン、方向切換弁のスプールなど狭いすき間を移動する部分。

13 粘性は漏れ防止の重要なポイント

しゅう動部分をシールする

油圧装置は適正な粘度の作動油を使うことが重要です。これは油圧機器のしゅう動部をシールするには適正な粘度が必要なためです。

しかし、作動油の粘度が高すぎると粘性抵抗が大きくなり、次のような不具合が生じます。

・流れ抵抗の増大
・摩擦損失による消費電力の増大
・摩擦による油温の上昇
・油圧回路の圧力損失増大
・スラッジが発生しやすくなり、アクチュエータの応答性低下
・油タンク内の気泡除去が困難

一方、作動油の粘度が低すぎると次のような不具合が生じます。

・油圧機器内部の漏れ量が増大
・しゅう動部分の油膜切れによるカジリや焼付きの発生
・ポンプ効率の低下によるアクチュエータの速度低下
・油圧機器の内部漏れ量増大による油温上昇

このように作動油の粘度は油圧装置の特性に大きく影響を与えるもので、機器メーカの推奨値に従うことが望ましいです。なお、粘度表示には「絶対粘度」と「動粘度」の二つがあります。

絶対粘度は作動油の流れの抵抗力を表しており、単位はパスカル秒（Pa・s）です。

工業的には動粘度を使用していますが、これは作動油が毛管内を自重落下する経過時間を物差しとし粘性を比較するものです。動粘度はこの経過時間に比例し、サラサラの作動油は落下時間が短く、数値は小さくなります。単位は平方メートル毎秒（m^2／s）です。

現在、作動油の粘度表示はISO VG 46などのように表していますが、これは40℃における動粘度が46mm^2／sを意味しています。

要点BOX
●適切な粘度の作動油を使用する
●粘度が高すぎると粘性抵抗大で油温が上昇
●低すぎると漏れの増大や油膜が切れやすい

絶対粘度

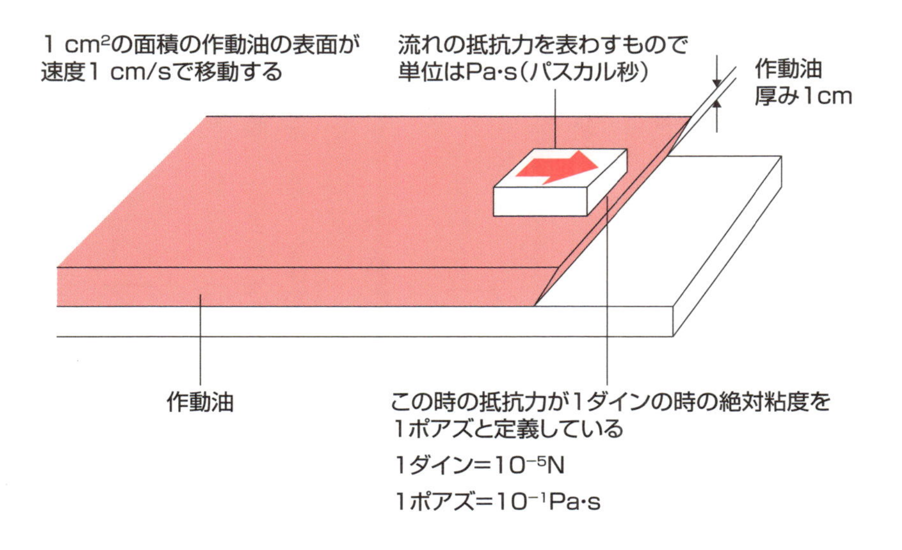

動粘度の測定方法(JISK2283)

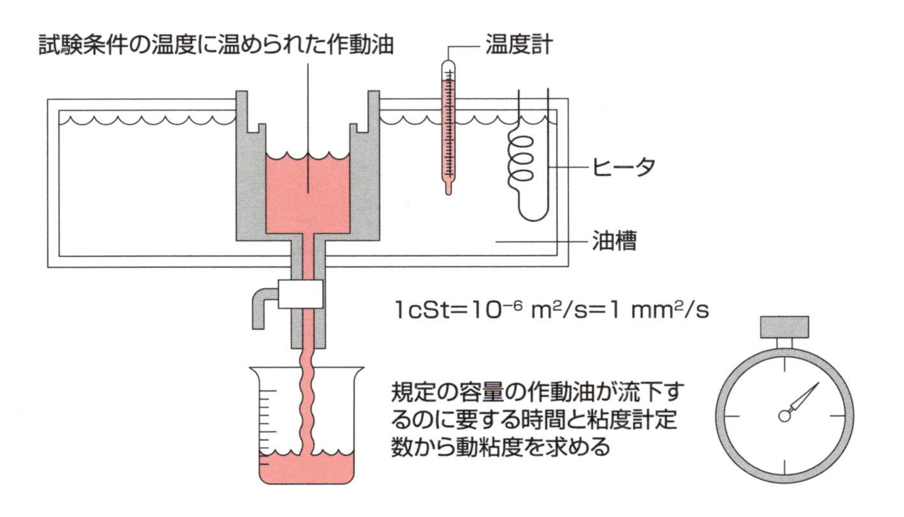

用語解説

ISO VG：国際規格の粘度グレードで、単位は㎟/s を採用。粘度分類は、10 ～ 100 の間は 10 ／ 15 ／ 22 ／ 32 ／ 46 ／ 68 ／ 100 とする。

14 しゅう動部の摩耗を抑える潤滑性

金属同士の接触を減らす

　油圧機器のしゅう動部分は十分なすき間が確保されて、厚い油膜の上を互いに滑るのが望ましいことです。この状態は一般に「流体潤滑」と呼ばれています。金属同士の接触はなく、作動油は十分な粘度を持ちさえすれば、しゅう動面の寿命は半永久的といえます。

　しかしながら、油圧機器の高性能化を達成するために使用圧力や回転速度をアップすると、油膜は押し付けられて、油圧機器のしゅう動面は「境界潤滑」と呼ばれる非常に薄い油膜になり、すき間も小さくなります。この状態では、しゅう動面の表面は金属同士の接触が起こりやすくなり、摩擦・摩耗が増加します。作動油には、より潤滑性能のよいものが要求され、極圧添加剤などを加えて特性を向上させています。

　作動油は一般に「添加剤」を加えて特徴のある特性を得ています。現在、作動油のＪＩＳ規格はありませんが、油圧装置で使用される作動油は化学的性質および実用性能で分けたISO6743-4の規定があり、石油系作動油（ISO 11158）は次の６種類に分けています。

・無添加鉱物油（記号をHHとしています）
・R&O作動油（HL）
・耐摩耗性作動油（HM）
・粘度指数向上作動油（HR）
・粘度指数を向上した耐摩耗性作動油（HV）
・耐火性のない合成作動油（HS）

　なお、油圧装置用にはこの他に生分解性作動油と難燃性作動油があります。

　また、作動油の潤滑性の評価にはベーンポンプのベーンとリングの摩耗量を測定する方法（ASTM D2282）や鋼球を押し付け、その摩耗痕径を測定する高速四球試験（JIS K2519）などがあります。

要点BOX
- ●しゅう動部のすき間潤滑が寿命を延ばす
- ●極圧添加剤などによって特性を改善
- ●国際規格で作動油は6分類

流体潤滑の状態

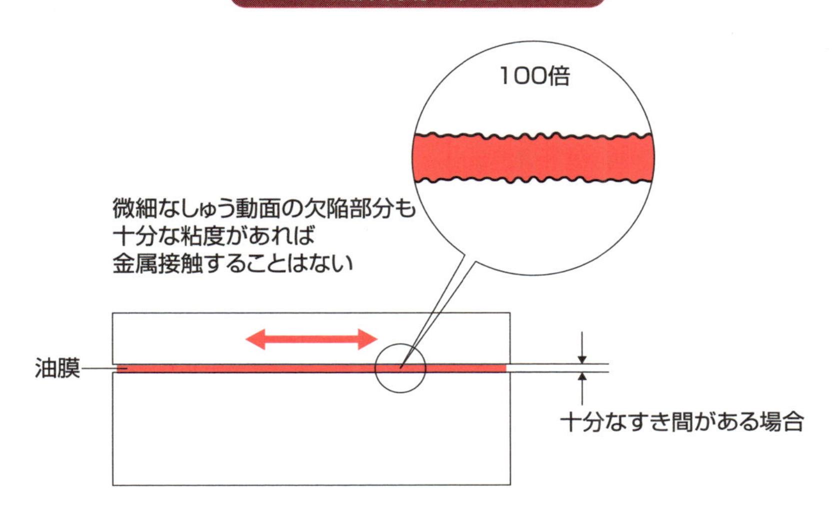

境界潤滑の状態

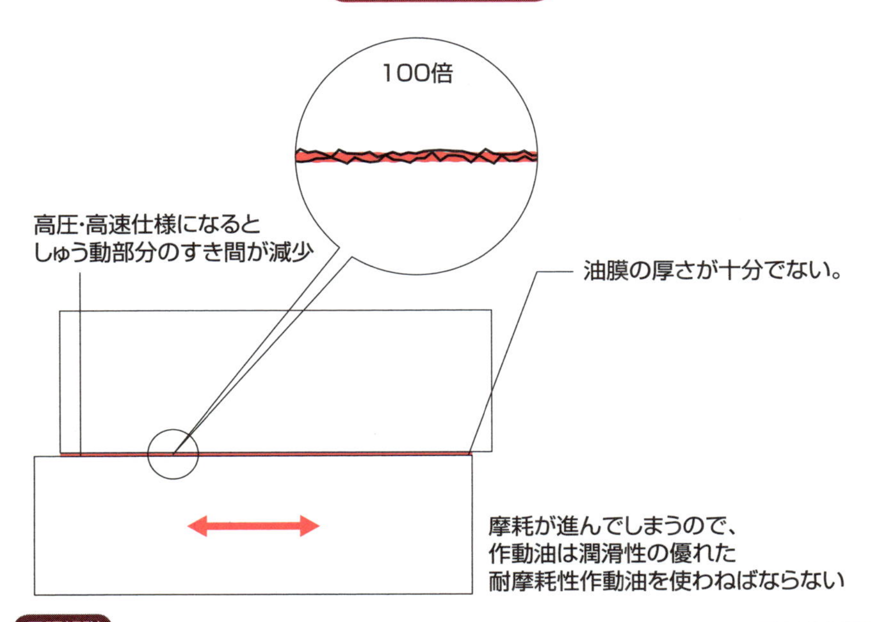

用語解説

極圧添加剤：金属表面の油膜が切れると焼付きが起こりやすくなるが、この添加剤は金属表面と化学反応を起こし、焼付きを防止する。

15 液体を媒体とした動力伝達

非圧縮性の作動油でも無視できない場合がある

動力伝達において、油圧装置は早い応答と小さいエネルギーロスが望まれます。作動油には十分な非圧縮性と流動性を持つことが要求されますが、同時に十分な潤滑性も必要になります。

一般には、作動油の圧縮性は問題にならず、非圧縮性と見なして十分です。しかし、高圧で精密な制御を高速で行う場合には、作動油の圧力による密度、比重の変化を無視することはできません。圧縮率の値は流体の種類、圧力、温度によって変化します。

上表に各種作動油の圧縮率と体積弾性係数を、下表に石油系作動油の温度条件および圧力条件による体積変化をそれぞれ示します。上表から石油系作動油では21MPaへ昇圧すると、元の油容積の約1・2%が収縮することがわかります。

下表から石油系作動油では、100℃の上昇で体積は約7%増加することがわかります。また、完全に密閉されて漏れが生じない容器では、1℃の温度上昇で圧力は約1MPa上昇することが実験で検証されています。このことから、密閉された油圧回路では負荷変動よりも油温変化に伴う圧力の変化の方が大きく、異常高圧から安全を守るサーマルリリーフが必要になるといえます。

なお、圧縮性は圧縮のしやすさを示す特性であり、体積弾性係数は圧縮のし難さを示す特性であり、同じ特性を表すものですが、油圧では一般に体積弾性係数を用いています。

体積弾性係数の定義は図に示しています。

油圧において、作動油の圧縮性が影響する具体的な例を示します。大きな装置で高圧を用いる油圧プレス機械では、昇圧するまでの時間に影響が出ます。従って、作動油の圧縮される体積を求め、昇圧行程の機械仕様を満たすように油圧の供給側を検討します。

要点BOX

- ●高圧では作動油も圧縮する
- ●温度によっても体積は変化する
- ●密閉した回路ではサーマルリリーフ弁が必要

作動油の種類による圧縮率と体積弾性係数

種類	圧縮率 β(1/MPa)	体積弾性係数 K(MPa)
石油系作動油 〃	6×10^{-4} $5.2\sim7.2\times10^{-4}$	1.7×10^{3} $1.4\sim1.9\times10^{3}$
航空機用作動油 (MIL H 5606E)	5×10^{-4}	2.0×10^{3}
各種燃料油	5×10^{-4}	2.0×10^{3}
水・グリコール W/O形エマルション りん酸エステル	2.9×10^{-4} 4.4×10^{-4} 3.3×10^{-4}	3.5×10^{3} 2.3×10^{3} 3.0×10^{3}

石油系作動油の温度条件および圧力条件による体積変化

温度(℃)	圧力(MPa)									
	7	14	21	28	35	42	49	56	63	70
60	1.023	1.014	1.009	1.004	0.999	0.993	0.990	0.987	0.984	0.982
40	1.012	1.006	1.000	0.995	0.990	0.986	0.982	0.978	0.975	0.972
20	0.997	0.992	0.986	0.981	0.977	0.973	0.970	0.967	0.964	0.962
0	0.983	0.978	0.973	0.968	0.964	0.960	0.957	0.954	0.952	0.950
-20	0.966	0.962	0.959	0.956	0.954	0.952	0.949	0.946	0.944	0.941
-40	0.951	0.948	0.945	0.943	0.940	0.938	0.936	0.934	0.932	0.930

体積弾性係数の定義

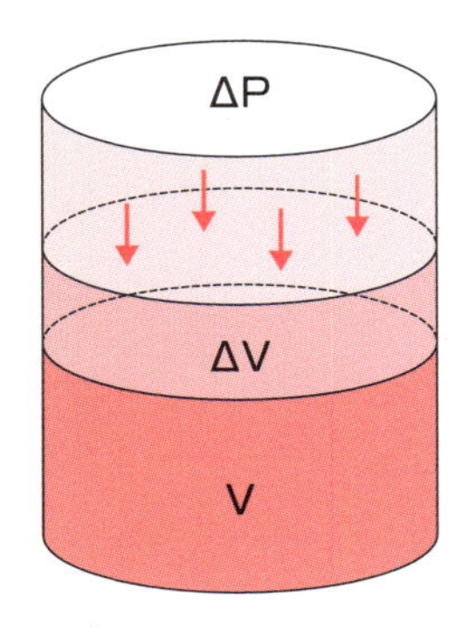

ΔPの圧力差を加え、ΔVだけ体積が減少するとき
次の関係が成り立つ

$$\Delta P = K \cdot \frac{\Delta V}{V}$$

元の作動油の体積:V(L)
加えた圧力差:ΔP(MPa)
減少した体積:ΔV(L)

ここにおけるKを「体積弾性係数」という。
体積弾性係数は、油撃による圧力ピークの
発生や作動油の圧縮に重要な特性

16 油圧機器の冷却

機器の不具合を防ぐ

油圧ポンプやアクチュエータ、油圧制御弁などのしゅう動摩擦抵抗、作動油の粘性抵抗、すき間からの圧油の漏れ損失は主に熱エネルギーに変換されることによって、油圧機器の温度を上昇させます。油圧機器は非常に小さなすき間を保ちながら作動する構造なので、温度上昇による熱膨張はこのすき間を狭め、焼付きやカジリが起こりやすくなります。

また、油圧機器の温度が上昇すると、作動油自身の温度も上昇し粘りのある状態からサラサラな状態に変化します。すると、油圧機器のすき間からの漏れ量が増え、さらに温度が上昇するという悪循環になります。

この不具合をなくす効果的な方法は、油圧装置内で作動油を循環させることによって、油圧機器の温度を下げることです。一般に油圧装置はこの作動油の循環の中にクーラを設置し、効率よく油圧機器の温度を下げています。

冷却するもう一つの理由は、作動油の寿命を延ばすためです。作動油の劣化の原因は、作動油が空気と触れることによる酸化の進行ですが、温度の影響が大きく、油温が10℃上昇すると、作動油の劣化速度は約2倍になるといわれます。石油系作動油の使用上限温度は80℃程度ですが、一般に使用温度は60℃以下が推奨されます。

油圧機器には適正な粘度範囲がありますが、作動油の粘度は温度により変化してしまいます。このため、一般に下図の動粘度—温度チャートを使用します。これは作動油の動粘度と温度の関係が直線になるように、縦軸は対数目盛の動粘度を、横軸は対数目盛の温度としています。2点の温度–粘度特性が分かれば、その点を結んで直線を引くことによってその作動油の特性が表記できます。このチャートにより作動油の粘度と温度の関係が一目で把握できます。

要点BOX
- ●油圧機器の冷却は作動油の循環が効果的
- ●目的は焼付き防止と作動油の寿命延長
- ●油温管理で適正粘度を維持する

作動油の循環による油圧機器の冷却

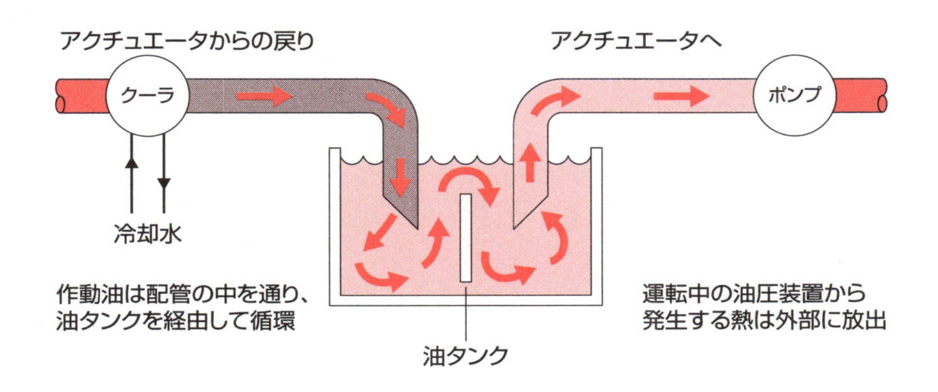

推奨作動油粘度グレードと適正粘度範囲

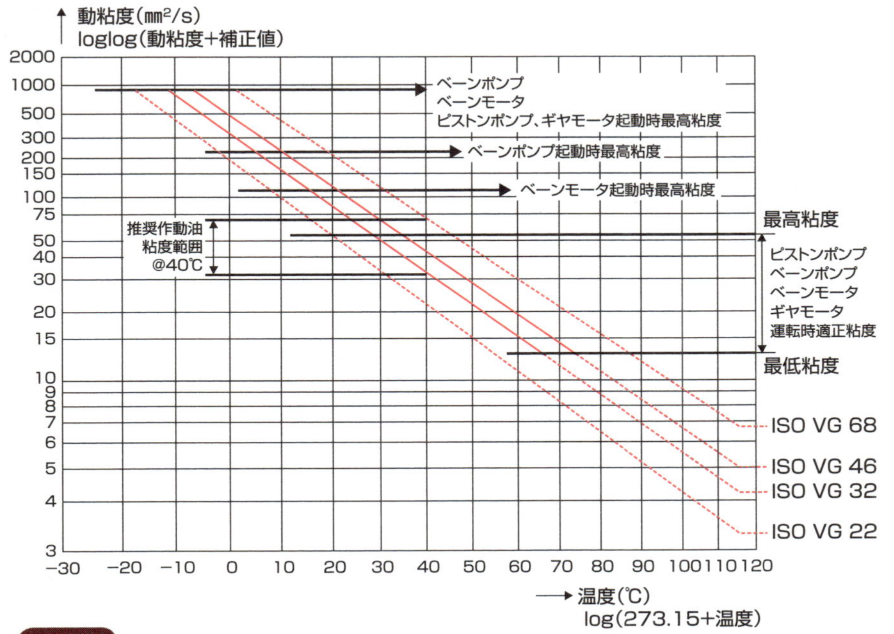

用語解説

焼付き:温度上昇による熱膨張のほかにコンタミのかみ込みなど多くの要因があり、メカニズムは複雑。要因を取り除き、予防することが大切。

Column

スラッジ発生の原因はポンプ圧力？

この本は入門書ということで保全関係は触れていませんが、スラッジの件で貴重な体験があります。

20年以上前のことですが、ある母機メーカから連絡がありました。「油温が規定値を超え、マシンが停止するので困っている」というものでした。

実機で調査した結果、オイルクーラ本体の中の銅パイプの表面にグリース状のスラッジがべっとりと付着しているのを見つけた。同じ機械でポンプの圧力を14MPaで使用しているものは問題がなく、17・5MPaで使用している本機が不具合を発生するのはポンプ圧力に関係しているのではないか。と、油圧ポンプを疑っており、関連性の検証を依頼されました。

さて、こちらも困りました。油圧ポンプの潔白を証明しなければ収まりません。その時は銅パイプを使用している標準のオイルクーラと、ステンレスパイプを使用しているオイルクーラの2種類で評価試験を行いました。

100℃の同一条件で油の劣化加速試験を行った結果は、銅パイプの方は作動油の劣化が認められ、ステンレスパイプの方はまったく作動油の劣化は認められません。

この結果によってスラッジ発生はポンプ圧力の影響ではなく、他の酸化劣化する要因が大きく影響していることを理解してもらい、了解が得られました。

この頃はちょうどノンスラッジ作動油が世の中に出始めた時で、作動油メーカからも新作動油の提供があり評価を行いました。

私は作動油については素人ですが、このスラッジ対応は作動油に対する意識が変わる貴重な体験であり、今でも忘れません。

流れの法則

17 SI単位

基準となる物理量の国際単位

速度や力などの物理量は、一定の基準となる大きさを決めて、その基準量と比べてどのくらいかというように表します。この基準量を「単位」と呼び、現在は国際単位系（SI）を使用しています。

このSIは1971年にISO（国際標準化機構）で使用を開始し、日本でも1973年にJIS Z 8203（国際単位系およびその使い方）が制定されています。

SI単位は「基本単位」と「組立単位」で構成されています。基本単位は七つあり、これを表1に示します。組立単位は、基本単位を組み合わせて代数的に表します。その記号は数学における乗除法の記号を用いて組み立てます。例えば、速度のSI単位はメートル毎秒（m／s）のようになります。また、組立単位には、固有の名称および記号を持つものがあり、このうち油圧でよく使われるものを表2に示します。

力は質量1kgの物体に1m／s^2の加速力が生じる大きさを1ニュートンと定義しており、力のSI単位は1N＝1kg・m／s^2と表します。また、圧力は1m^2あたりの1Nの大きさを1パスカルと定義しており、圧力のSI単位は1Pa＝1N/m^2と表します。ただし、油圧の場合、通常使う圧力の大きさはパスカル単位の1000倍、100万倍であり、分かりやすくするために、キロパスカル（kPa）やメガパスカル（MPa）の単位を使います。

このキロ（k）やメガ（M）はSI接頭語と呼ばれるものです。このSI接頭語はSI単位を整数乗倍するもので、油圧でよく使われるものを表3に示します。

SI単位以外の単位ですが、その実用上の重要さから継続して使用できるものとして、体積のリットル（L）、質量のトン（t）、時間の分（min）などがあります。

要点BOX

- ●SI単位は基本単位と組立単位で構成
- ●SI接頭語を用いると数値が見やすくなる
- ●SI単位と併用してよい単位もある

表1　SI基本単位

基本値	SI基本単位	
	名称	記号
長さ	メートル	m
質量	キログラム	kg
時間	秒	s
電流	アンペア	A
熱力学温度	ケルビン	K
物質量	モル	mol
光度	カンデラ	cd

表2　固有の名称を持つSI組立単位

組立量	SI組立単位		
	固有の名称	記号	SI基本単位およびSI組立単位による表し方
平面角	ラジアン	rad	1 rad=1 m/m=1
力	ニュートン	N	1 N=1 kg·m/s^2
圧力、応力	パスカル	Pa	1 Pa=1 N/㎡
エネルギー、仕事、熱量	ジュール	J	1 J=1 N·m
パワー、放射束	ワット	W	1 W=1 J/s
電荷、電気量	クーロン	C	1 C=1 A·s
電位、電位差、電圧、起電力	ボルト	V	1 V=1 W/A
電気抵抗	オーム	Ω	1 Ω=1 V/A
セルシウス温度	セルシウス度	℃	1 ℃=1 K

表3　SI接頭語

乗数	接頭語	
	名称	記号
10^9	ギガ	G
10^6	メガ	M
10^3	キロ	k
10^2	ヘクト	h
10	デカ	da
10^{-1}	デシ	d
10^{-2}	センチ	c
10^{-3}	ミリ	m
10^{-6}	マイクロ	μ
10^{-9}	ナノ	n

表記例

1.2×10^4 Nは12 kN
0.00394 mは3.94 mm
1401 Paは1.401 kPa
3.1×10^{-8} sは31 ns

18 圧力

物体の面を押す力

圧力は物体を押す力のことですが、この大きさを表す単位は「パスカル」を使うよう決められています。この圧力の大きさを表す基準は「ゲージ圧力」と「絶対圧力」の2通りがあります。

油圧の場合には圧力を測るのに圧力計を使いますが、この圧力計は大気圧をゼロとした圧力の大きさを表すもので、この圧力がゲージ圧力です。

一方、気圧計は絶対真空状態の圧力をゼロとして圧力の大きさを表しており、この圧力が絶対圧力です。

上図はポンプ作用における圧力表示の例を示しています。

シリンダのピストンを引き上げるとシリンダ内の容積が増え密度が低下することによって、シリンダ内の圧力は大気圧以下に下がります。このため、大気圧に押されて、タンクの油がシリンダ内に移動します。このとき、シリンダ内の圧力は大気圧よりも低い真空状態です。

油圧では、この真空状態の圧力の大きさは、大気圧を基準としてマイナス圧力とし、油圧ポンプの許容吸込圧力はマイナス16・7kPaなどと表します。

シリンダのピストンを下げるとシリンダ内の油が押されて圧力が発生します。下げる力を増すと圧力も上昇し、おもりはついに持ち上がります。

おもりを持ち上げるのに必要な圧力は1.96×10^6パスカル（Pa）となりますが、油圧の場合、実務的にはメガパスカル（MPa）やキロパスカル（kPa）の単位を用いており、1・96MPaと表します。

下図は油圧システムの過渡的な圧力変動を示しています。この中の「圧力パルス」は圧力の短時間における変動、「圧力ピーク」は定常状態の圧力を超え最高圧力も超える圧力パルス、「圧力サージ」は流れの過渡的な変動によって生じる圧力変動と定義されています。

要点BOX
- ●圧力は単位面積当たりの力
- ●ゲージ圧力と絶対圧力がある
- ●油圧は正／負のゲージ圧力を使用

ポンプ作用の圧力表示例

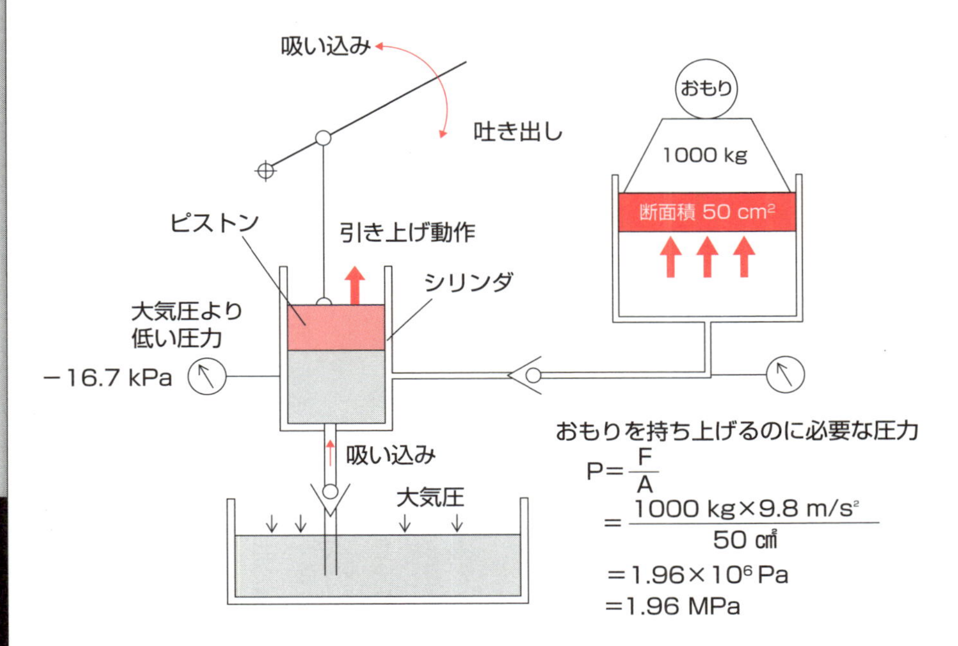

油圧ポンプの吸い込みは、大気圧による油面を押す力を利用している。
引き上げ時、シリンダの圧力は、大気圧より低い圧力となり、油圧ではこれをマイナスのゲージ圧力で表す

油圧システムの過渡的な圧力変動の例

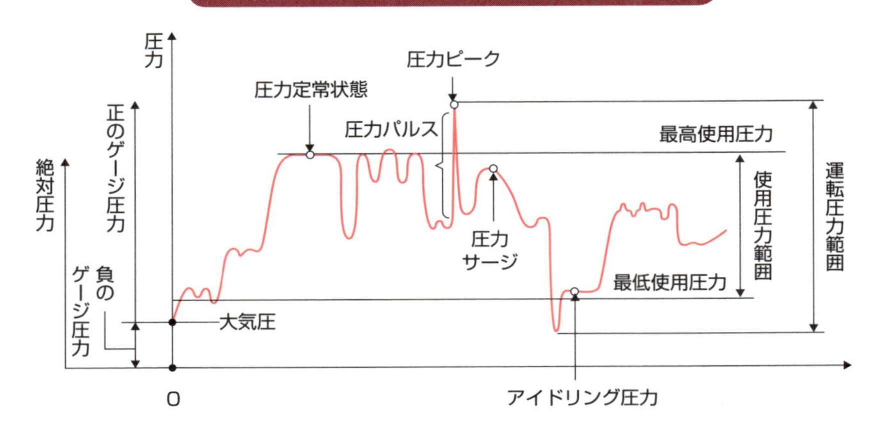

19 流量と流速

実務的には流れを定常流として扱う

ある場所の流体の流れの状態が時間によって変化しない流れを「定常流」、時間的に同じ場所での流れが変わる流れを「非定常流」といいます。定常流のときの流量と流速の関係について上図に示します。

油圧では一般に流量とは流路の断面を単位時間に通過する作動流体の体積としています。配管の細い部分の断面積を1㎡、太い部分の断面積を2倍の2㎡とし、また配管に流れる流量を5㎥／sとします。流体の体積5㎥は、細い配管部分では長さ5ｍの体積に相当し、太い部分では長さは2・5ｍの体積に相当します。この場合は1秒ごとに通過する流体の体積が流量ですから、細い部分の流体が通過する速度は5ｍを1秒間で進むわけで、5ｍ／sとなります。この配管内の流体の移動速度を「流速」と呼んでいます。太い部分の流速は同様に2・5ｍ／sとなります。

また、配管途中の各断面において、流量は断面積と流速を掛け合わせたものに等しく、どの断面でも一定になることを示しています。これを「連続の式」と呼んでいます。この連続の式は油圧装置の管内径を決める時に用いられ、求め方を下図に示します。

なお、基準となる流速はJIS B 8361の推奨管内流速を一般に用いています。

ポンプ吸い込み配管　：1・2ｍ／s以下
圧力配管　：5ｍ／s以下
戻り配管　：4ｍ／s以下

ただし、ポンプ吸込配管では、キャビテーションの発生を避けるために、ストレーナの抵抗、配管抵抗および液面ヘッド差によるトータルの吸込抵抗をポンプ吸込能力が上回るようにします。

圧力配管では使用圧力に対し配管抵抗が過大にならないように配慮し、特に低圧を使う工作機械などは3ｍ／s以下、配管が長い製鉄機械では4ｍ／s以下が一般的です。

要点BOX
- ●流量とは単位時間に通過する流体の体積
- ●流速とは流体の移動速度
- ●連続の式は実務的によく使われる

定常流における流量と流速の関係

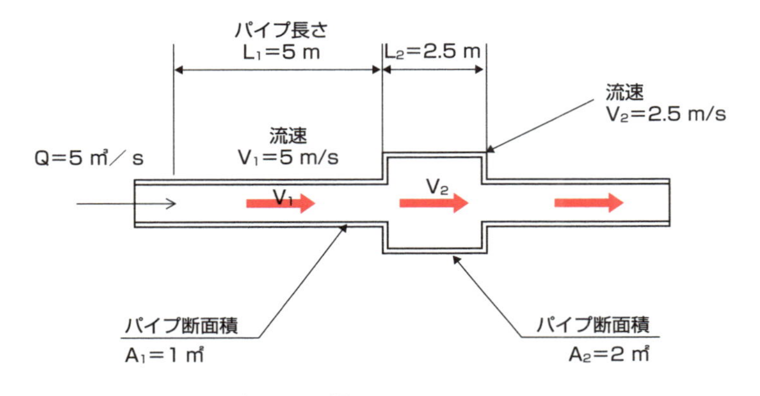

$$流速\ V_1 = \frac{L_1}{t} = \frac{5\ \mathrm{m}}{\mathrm{ls}} = 5\ \mathrm{m/s}$$

$$流速\ V_2 = \frac{L_2}{t} = \frac{2.5\ \mathrm{m}}{\mathrm{ls}} = 2.5\ \mathrm{m/s}$$

$$流量\ Q = A_1 \cdot V_1 = A_2 \cdot V_2 = 一定（連続の式）$$

管内径の求め方

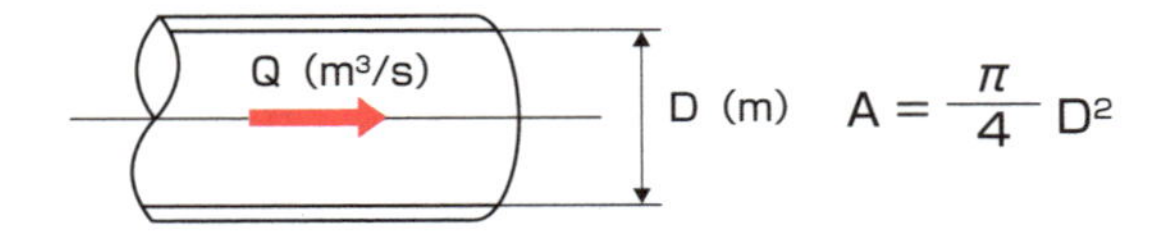

$$A = \frac{\pi}{4} D^2$$

連続式の　Q = A・V　より

$$流速\ V\ (\mathrm{m/s}) = \frac{Q\ (\mathrm{m^3/s})}{A\ (\mathrm{m^2})} = \frac{4Q}{\pi D^2}$$

$$管内径\quad D = \sqrt{\frac{4Q}{\pi V}}$$

例えばポンプの吸い込み配管において　Q=150 L/min の時の管内径を求めると……（ただし、流速は V=1.2 m/s とする）

$$D = \sqrt{\frac{4 \times 150 \times 10^{-3}/60}{3.14 \times 1.2}}$$

$$= 0.0515\mathrm{m}$$

$$≒ 52\mathrm{mm}$$

20 動力（パワー）

制御システムのエネルギー効率を比較する基準量

動力はエネルギーの流れや単位時間当たりのエネルギーのことです。

電源から電気モータを回して油圧ポンプを駆動するときの動力の伝わり方を図に示します。この時、油圧の場合の油動力は圧力Pと流量Qの二つの変数を掛け合わせたものです。

パスカルの単位の圧力に立方メートル毎秒を単位とする流量を掛け合わせることでワットを単位とする動力が得られます。しかし、実用的には油圧の場合、一般に圧力の単位は「MPa」、流量の単位は「L／min」を使用しています。この場合、油動力はメガパスカルの単位の圧力にリットル毎分を単位とする流量を掛け、秒単位の流量にするため60で割ると、キロワット単位の動力が得られるので、この式を使用しています。

動力は、エネルギーの流れを意味しているので、制御システムのエネルギー効率を比較する場合に重要な基準量となるものです。電気系（電源など）、機械の直線運動系、機械の回転運動系および流体系の動力の表し方を表に示します。

動力の大きさを求めるには、電気系ではボルトを単位とする電圧と、アンペアを単位とする電流の二つの変数を、直線運動系ではニュートン単位の力と、メートル毎秒単位の速度の二つの変数を、回転運動系ではニュートン・メートル単位のトルクと、ラジアン毎秒を単位とする角速度の二つの変数をそれぞれ掛け合わせることによって動力が得られます。

上記はすべてエネルギー損失をゼロと仮定したものですが、実際にはエネルギーの損失があります。油圧の場合では一般的なエネルギー損失として、油圧ポンプのトルク損失と内部漏れ損失、配管の圧力損失、制御弁からのバイパスによる損失と圧力損失、アクチュエータの機械損失と内部漏れ損失などを伴いながら動力が伝わります。

要点BOX
- ●動力はエネルギーの流れ
- ●動力はシステムの効率を比較する物差し
- ●動力を分析すると損失分が見えてくる

動力の伝わり方

エネルギーの流れ、単位時間当たりのエネルギー

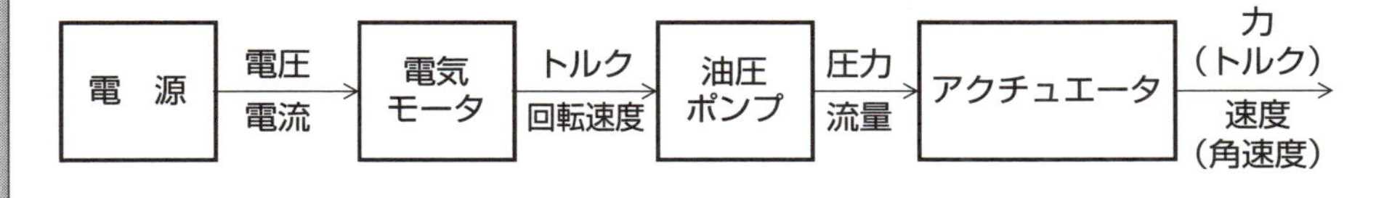

動力の表し方

基本変数	電気系	直線運動系	回転運動系	流体系
示強性	電圧 V(V)=N·m/C	力 F(N)	トルク T(N·m)	圧力 P(Pa)=N/m²
示量性	電流 I(A)=C/s	速度 V(m/s)	角速度 ω(rad/s)	流量 Q(m³/s)
動力	V·I(W)	F·V(W)	T·w(W)	P·Q(W)

2つの変数をかけると動力[W]になる

電気量（クローン）　1 C = 1 A·s
電圧（ボルト）　1 V = 1 W/A、パワー（ワット）　1 W = 1 J/s
仕事量·エネルギー（ジュール）　1 J = 1 N·m　より
電圧　V = W/A = J/A·s = N·m/c　の単位となる

油動力　$W = P \cdot Q (Pa \cdot m^3/s)$
$= P \cdot Q (N/m^2 \cdot m^3/s)$
$= P \cdot Q (N \cdot m/s)$
$= P \cdot Q (J/s)$
$= P \cdot Q (W)$

油動力　$W = P \cdot Q (MPa \cdot L/min) \times 10^6 \times 10^{-3}/60$
$= P \cdot Q \times 10^3/60 (W)$
$= P \cdot Q/60 (kW)$

従って、圧力10 MPaで流量120 L/minのときの油馬力は

$$W = \frac{P \cdot Q}{60} = \frac{10 \times 120}{60} = 20\ kW$$ となる。

21 ベルヌーイの定理

エネルギー保存の法則として実用性が高い

流体の流れの法則で重要なものに「ベルヌーイの定理」があります。これは粘性がなく、流れの乱れがない定常流という条件での定理であり、実際の流れでは存在しませんが、実用的には十分活用できるもので広く一般に用いられています。

ベルヌーイの定理を図1に示します。流体は圧力エネルギー、運動エネルギーおよび位置エネルギーと三つの形の違うエネルギーを持っていますが、流体の流れの状態が変わっても、エネルギーの総和は変化しない法則としてよく知られています。

例えば、液面の高さの変化により流速がどのように変化するのかを図2に示します。これは水面50mの高さにおけるダムの放水速度を求める例に、ベルヌーイの定理を応用しています。

ダムの水面下の水と放水口の水が流線でつながっていると考えます。ダム湖表面の水の速度V_1は0であり、水面下の圧力P_1と放水口の圧力P_2は、共に大気圧でありほぼ等しいといえます。これをベルヌーイの定理に当てはめたのが図2で、容易に放水速度が得られます。

次に、液体の圧力の変化により流速がどのように変化するのか図3に示します。この例は、シリンダピストンによって100MPaの圧力に加圧された水の放出速度を求めるものです。この場合、加圧された水の流速V_1は0であり、Z_1とZ_2の液面高さは等しいとみなします。

これをベルヌーイの定理に当てはめると、図3の速度と圧力だけの関数式が得られ、容易に放水速度が求まります。ここで注意しなければならないことは、単位の扱いです。圧力はPa、重力加速度はm／s²、密度はkg／m³です。従って、重力加速度は9・8m／s²、水の密度は1000kg／m³、100MPaの圧力は100×10^6Paとすると、m／s単位の速度が求められます。

要点BOX
- ●流体は圧力、速度、位置の三つの形態の違うエネルギーを持っている
- ●三つのエネルギーの総和は常に一定

図1　ベルヌーイの定理

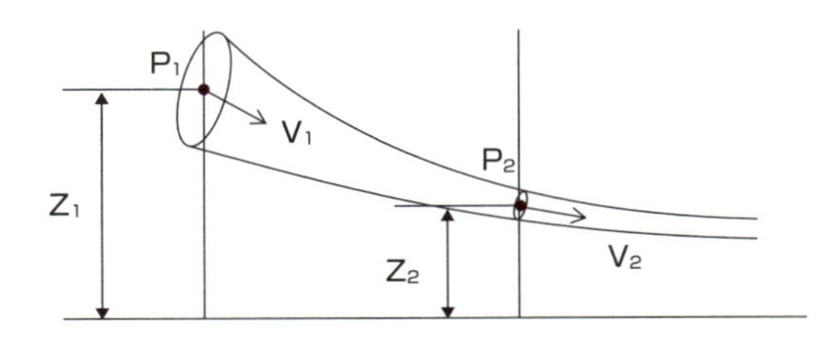

$$P_1 + \frac{1}{2}\rho \cdot V_1^2 + \rho \cdot g \cdot Z_1 = P_2 + \frac{1}{2}\rho \cdot V_2^2 + \rho \cdot g \cdot Z_2$$

ここに　P：圧力 (Pa)　　　　　　ρ：密度（kg/ ㎥）
　　　　g：重力加速度（m/s²）　Z：高さ（m）

図2　液面の高さによる流速の変化

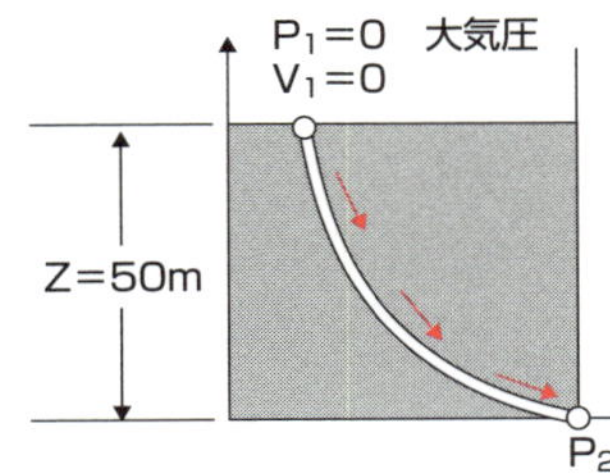

水面 50m の高さ
ダムの放水速度は……

$$\rho \cdot g \cdot Z_1 = \frac{1}{2}\rho \cdot V_2^2 + \rho \cdot g \cdot Z_2 \text{ より}$$

$$\frac{1}{2}\rho \cdot V_2^2 = \rho \cdot g\ (Z_1 - Z_2)$$

放水速度　$V_2 = \sqrt{2 \cdot g\ (Z_1 - Z_2)} = \sqrt{2 \times 9.8 \times 50} \fallingdotseq 31.3\ \mathrm{m/s}$

図3　圧力の変化による流速の変化

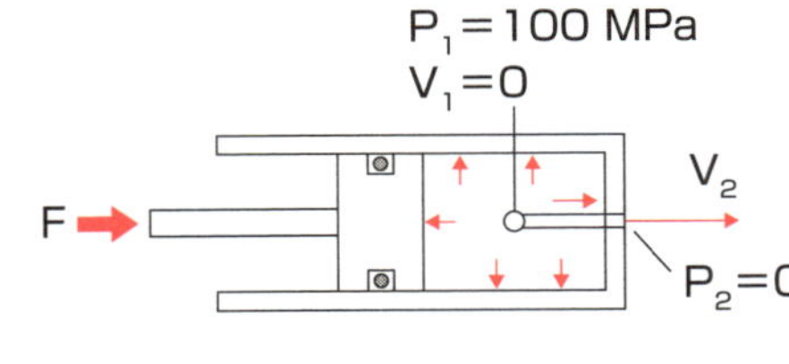

100 MPa に加圧した水を
放水した時の水の流速は……

ベルヌーイの定理より　$Z_1 = Z_2$ とし

$P_1 = \frac{1}{2}\rho \cdot V_2^2$ が得られる

放水速度　$V_2 = \sqrt{\frac{2 \cdot P_1}{\rho}} = \sqrt{\frac{2 \times 100 \times 10^6}{1000}} \fallingdotseq 447\ \mathrm{m/s}$

22 層流と乱流

流れの状態はレイノルズ数で知ることができる

流体の流れには「層流」と「乱流」の2種類が存在します。

層流は規則正しい整然とした流れで粘度が高く、流速が比較的小さく、狭い隙間や細管を通過するときに起こりやすいです（図1）。層流の場合には、粘性抵抗が圧力損失の原因になります。

乱流は急拡大管、急縮小管、曲り管などに見られる不規則で混乱した流れで、粘度が低く、流速が大きく、太い管を流れる時に起こりやすいです（図2）。乱流になると、粘性抵抗だけでなく、管内壁の粗さに関係した抵抗損失も加わり、急激に圧力損失が大きくなります。

この層流と乱流を明らかにしたのはイギリスのレイノルズです。レイノルズは図3に示すような装置を用いて管内の様子を調べました。その結果、流れが遅い時の着色液の流れは一直線（層流）ですが、流速が速い時は着色液が管全体に広がります（乱流）。

レイノルズはどのような条件下であっても、レイノルズ数が同一であれば、同じ流動状態になることを発見しました。

レイノルズ数は流体の粘性力の大きさ（分母）に対する流体の慣性力の大きさ（分子）を表しており、レイノルズ数が大きいことは動きを抑える粘性力が弱く、慣性力が強いことを意味しており、流れは乱れやすくなります。レイノルズ数が小さいことはこの逆で、慣性力に対し粘性力が強いことを意味しており、流れは静かな層流となります。

現在、管内の流れが層流であるか乱流であるかを知るのはレイノルズ数を用いています。

レイノルズ数が約2300以下では、流れは層流になり、これを超えると層流から乱流に遷移します。油圧では乱流になると圧力損失が大きくなり、不快な流体音も発生しやすくなるので、これを避けています。

要点BOX
- ●層流は規則正しい整然とした流れ
- ●乱流は不規則で混乱した流れ
- ●レイノルズ数が同じならば流動状態も同じ

図1　層流

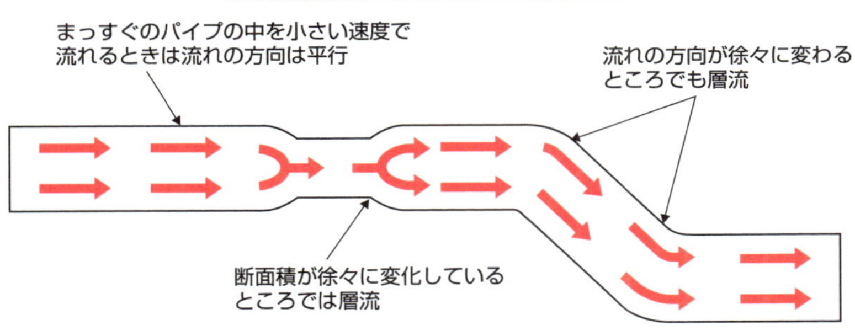

図2　乱流

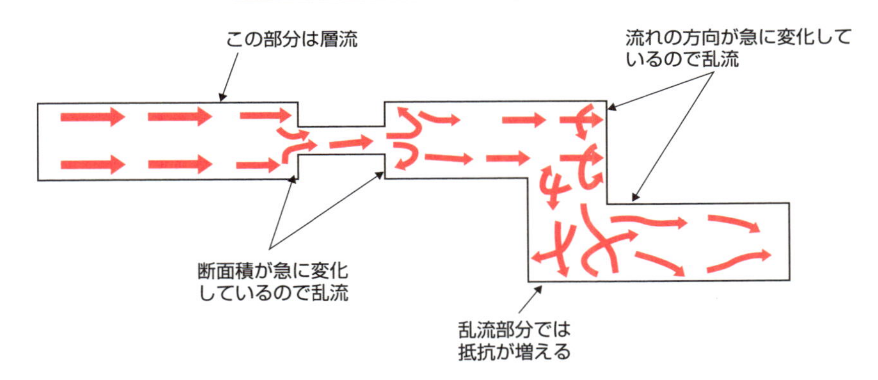

図3　レイノルズの実験

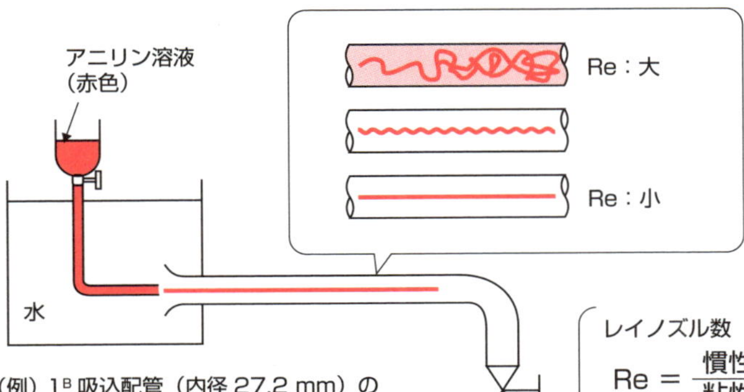

（例）1^B 吸込配管（内径 27.2 mm）の
流速 1.2 m/s、ISO VG46 の場合、

$$Re = \frac{1.2\times27.2\times10^{-3}}{46\times10^{-6}} \fallingdotseq 710\ （層流）$$

レイノズル数

$$Re = \frac{慣性力}{粘性力} = \frac{V\cdot d}{\nu}$$

ここに　V：流速（m/s）
　　　　d：管内径（m）
　　　　ν：動粘度（m²/s）

23 管路の圧力損失

同じ流速でも分岐管部分の圧力損失は大きい

管路に流体を流すと上流と下流とで圧力差が生じます。これは管内の摩擦により発生しますが、この様子を上図に示します。この圧力差を一般に「管路の圧力損失」と呼んでいます。圧力損失の大きさは、層流と乱流では異なってきます。

管路の圧力損失は、流速の二乗と管摩擦係数に比例します。管摩擦係数は、層流のときは管壁の表面粗さは関係しませんが、乱流のときは表面粗さが関係するため、層流のときと乱流のときでそれぞれ異なります。

ムーディはこれらをまとめて図に表しました。これは「ムーディ線図」と呼ばれるもので、現在、一般に使われています。

油圧管路はまっすぐな管路のほかに、各種の継手を用いて流路の断面積を変化させたり流れの方向を変えたりします。この継手部分では粘性摩擦による圧力損失以外に、流れの形状変化に伴って起こる衝突や、激しい渦のためにエネルギーを費やし圧力損失を起こします。

下図に各管入り口形状による損失係数と各分岐管の損失係数を示します。特に分岐管では、同じ流速でも管路のつながり方によって大きく圧力損失が異なるので注意が必要です。

なお、19項で述べた、JIS B 8361の推奨管内流速と層流、乱流との関係について付記しておきます。この基準の最大流速では、ポンプ吸込配管は2インチサイズまでは層流で、それより太い配管では乱流となります。同様に圧力配管では3／4インチサイズまでは層流で、それより太い配管では乱流となります。

一般に層流での使用が望ましいのですが、実用的には油圧装置を小形化するため、実績を踏まえてJIS B 8361はこの流速を基準値としています。

要点BOX

- ●層流の圧力損失は粘性抵抗のみ
- ●乱流の圧損は管壁の表面粗さが関係する
- ●渦の消費動力により乱流の圧損は増大

管路の圧力損失

このところの液面は下流へ行くほど圧力が低くなることを示している

液面レベルの線

ここの圧力が一番高い

パイプの中の摩擦のために圧力降下を生じ、圧力は徐々に小さくなる

ここの圧力は大気圧と同じになるので 0 である

管路の圧力損失

$$\triangle P\ (\mathrm{Pa}) = \frac{\lambda \cdot \ell \cdot \rho \cdot V^2}{2d}$$

ここに
- λ：管摩擦係数
- ℓ：管長さ（m）
- ρ：流体の密度（kg / ㎥）≒860（石油系）
- d：管内径（m）
- V：流速（m/s）

$\lambda = \dfrac{64}{Re}$ ………………… 層流の場合

$\lambda = 0.316Re^{-0.25}$ …… 乱流の場合

レイノルズ数

$$Re = \frac{V \cdot d}{\nu}$$

ここに ν：流体の動粘度（㎡ /s）

ISO VG46 の場合 ν=46 mm²/s = 46×10⁻⁶ m²/s

口金および分岐管の損失係数

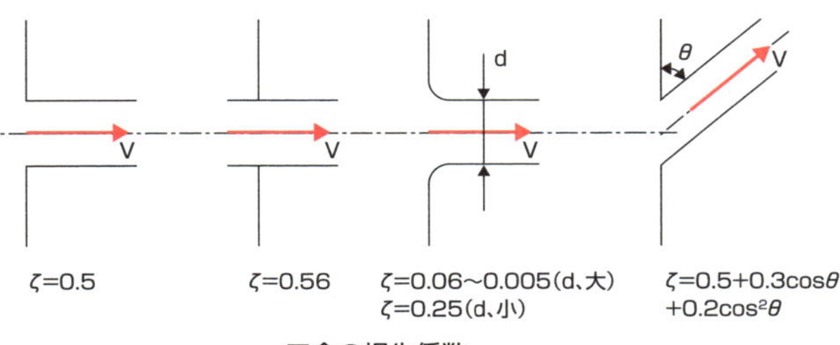

口金の損失係数

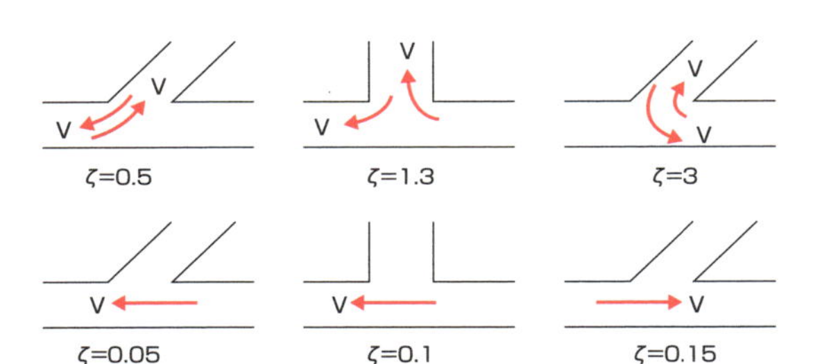

分岐管の損失係数

口金および分岐管の圧力損失

$$\triangle P\ (\mathrm{Pa}) = \zeta \cdot \frac{\rho}{2} \cdot V^2$$

ここに
- ζ：損失係数
- ρ：液体の密度（kg / ㎥）
- V：流速（m/s）

24 すき間流れ

油圧機器の性能を支える重要な流れ

油圧機器のしゅう動部分には、潤滑のためのすき間が必ずあります。例えば、方向切換弁のスプールとボディ、ピストンポンプのピストンとシリンダブロック、ギヤポンプのギヤとサイドカバーのそれぞれのすき間です。

すき間の寸法は、油圧ポンプの容積効率に決定的な影響を及ぼすなど、油圧機器の性能を決める重要な要素となります。狭いすき間の流れは、油の流速も小さいので、レイノルズ数の値は小さくなり、流れは一般に層流です。

油圧機器の狭いすき間の流れは、一般に「平面ポアズイユ流れ」を応用しています。すき間の単位幅を流れる流量は上図の式を用いています。すき間の単位幅当たりの流量は、すき間の三乗に比例し、絶対粘度に反比例します。

油圧機器において、しゅう動部品の形状には円筒形が多く存在します。この環状すき間の流れは、平行な平板のすき間流れにおけるすき間の横幅を円周の長さとしたものに置き換えられるため、下図の式を用いています。

また、この丸い穴と円筒状のスプールの場合には必ず偏心が生じます。スプールがすき間と同じ量だけ偏心した最大偏心のすき間の場合には、同心のすき間のときと比較して2・5倍の流量が流れます。

このように、平行な平板のすき間や環状すき間の流れは、すき間寸法が2倍になると流量は8倍になってしまいます。このことが油圧機器のしゅう動部の仕上がり寸法を厳しく管理する理由です。

また、実用的には作動油の絶対粘度の代わりに動粘度を使用しています。従って、数値計算では絶対粘度を作動油の動粘度と密度を掛け合わせたものに置き換えています。

- ●すき間寸法は性能を決める重要な要素
- ●油圧機器は平面ポアズイユ流れを応用
- ●しゅう動部の寸法管理が重要

静止している2枚の平行平板のすき間流れ

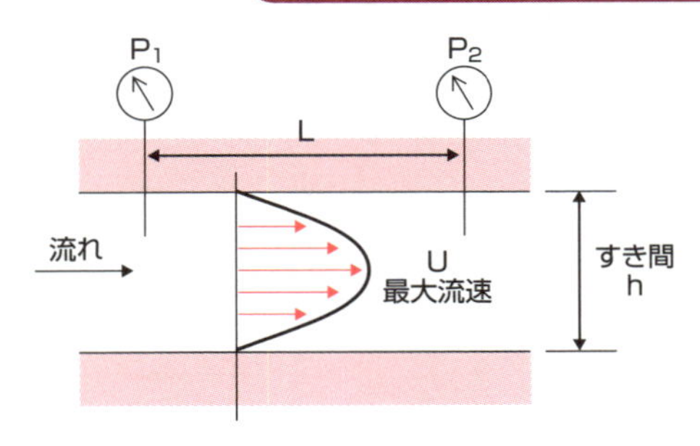

すき間
単位幅当たりの $Q=\dfrac{(P_1-P_2)}{12\,\mu L}\times h^3$

ここに
- Q ： すき間流れの流量（m^3/s）
- P_1 ： 入口圧力（Pa）
- P_2 ： 出口圧力（Pa）
- μ ： 絶対粘度　$\mu=\nu\cdot\rho$
- L ： 流れの方向の長さ（m）
- h ： すき間（m）

例）　L=10cm、h=5μm、圧力差P_1-P_2=14Mpa
動粘度　46センチストークス=46mm²/S、密度880kg/m³の油のすき間を流れる流量は……

$$Q=\frac{(P_1-P_2)}{12\cdot\nu\cdot\rho\cdot L}\times h^3$$

$$=\frac{14\times10^6}{12\times46\times10^{-6}\times880\times0.1}\times(5\times10^{-6})^3\ (m^3/s)=2.16\times10^{-3}\ (L/min)$$

環状すき間流れ

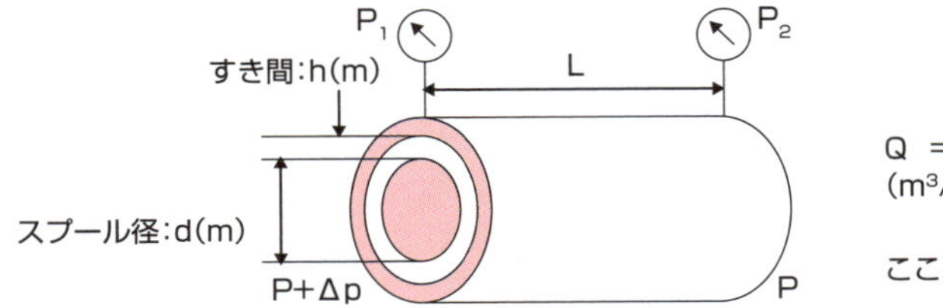

$$Q\ (m^3/s)=\frac{\pi d(P_1-P_2)}{12\,\mu L}\times h^3$$

ここに　d ： スプール径（m）

例）　スプール径　d = 15 mm、すき間　h = 10 μm
L = 1 cm、圧力差　P_1-P_2 = 21 MPa
動粘度　46 mm²/s、密度 1060 kg/m³の作動油の環状すき間を流れる流量は……

$$Q=\frac{\pi d\ (P_1-P_2)}{12\cdot\nu\cdot\rho\cdot L}\times h^3$$

$$=\frac{\pi\times15\times10^{-3}\times21\times10^6}{12\times46\times10^{-6}\times1060\times1\times10^{-2}}\times(10\times10^{-6})^3\ (m^3/s)$$

$$=1.01\times10^{-2}\ (L/min)$$

25 オリフィスとチョーク

油圧機器の動作に重要な絞り機能

断面が円形で、絞りの長さが断面寸法に比べて比較的短いものを「オリフィス」といい、絞りの長さが断面寸法に比べて比較的長いものを「チョーク」といいます。オリフィスとチョークは、油圧制御弁の基本的な絞り機能として用いられています。

オリフィスは一般に粘度の影響を受けにくい絞りとして用いられます。その流れの状態と特性式を上図に示します。このオリフィスの式はベルヌーイのエネルギー保存の式から導かれます。式中のCは流量係数といわれ、実験によって求められており、Cの値は0・7でほぼ一定です。

一方、チョークの流れは、一般に穴径が小さく、流速が小さいことから層流です。従って、層流状態での配管の流れもチョークと同じになります。このチョークの流れの状態と特性式を下図に示します。この式は「ハーゲン・ポアズイユの式」として知られています。

チョークの管壁表面の流速は0で、穴中心部で流速は最大となり、平均流速は最大流速の半分になります。

チョークの流量は、内径の四乗に比例し、流体の絶対粘度およびチョークの長さに反比例します。チョークの流量は、圧力差に比例するのに対して、オリフィスのそれは圧力差の平方根に比例するように異なります。

また、チョークは粘度の影響を受けるために、温度変化に対し特性は変動します。しかし、層流のために過渡的な流れに対し安定した特性を有するため、多くのところで使われています。例えば、33項のリリーフ弁ではピストンにあり、ピストンの上下面の差圧が安定してばね力とバランスするようにこのチョークが働いています。34項の直動形圧力制御弁ではスプールの下部にあり、圧力バランスを安定させています。

要点BOX
- ●粘度の影響を受けにくいオリフィス絞り
- ●チョークはハーゲン・ポアズイユの式に従う
- ●過渡的な流れに安定的なチョーク絞り

オリフィスの流れと特性式

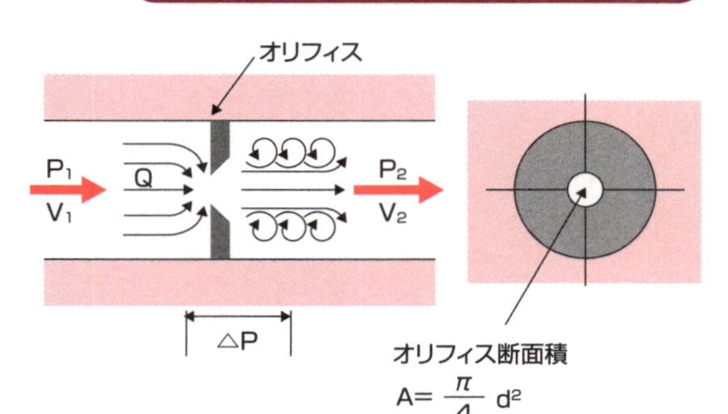

$A=\frac{\pi}{4}d^2$

$$Q = C \cdot A\sqrt{\frac{2 \cdot \triangle P}{\rho}}$$

ここに
- Q　：オリフィス通過流量（㎥/s）
- A　：断面積（㎡）
- C　：流量係数　C≒0.7
- △P：圧力降下　$\triangle P=P_1-P_2$（P_a）
- ρ　：流体の密度（kg/㎥）

例）
直径 d=φ2 ㎜の場合、
△P=4 MPa
ρ=860 kg/㎥

$$Q \fallingdotseq 0.7 \times 3.14 \times 10^{-6} \times \sqrt{\frac{2\times4\times10^6}{860}}$$

$$= 2.1 \times 10^{-4}\ \text{m}^3/\text{s}$$

$$\fallingdotseq 12.6\ \text{L/min}$$

$$\text{流速}\ V = \frac{Q}{A} = \frac{2.1\times10^{-4}\ \text{m}^3/\text{s}}{3.14\times10^{-6}\ \text{m}^2} \fallingdotseq 67\ \text{m/s}$$

チョークの流れと特性式

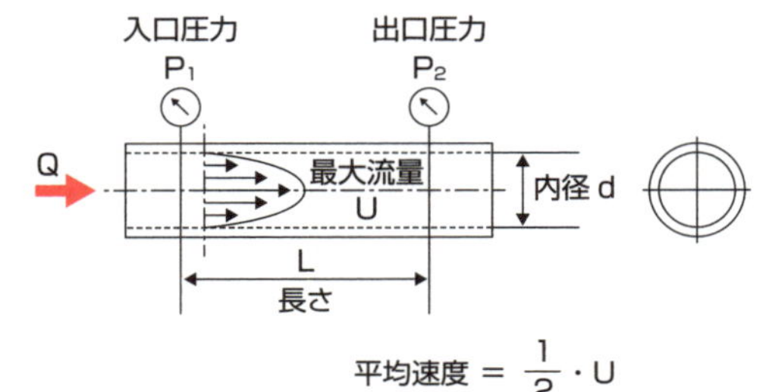

$$\text{平均速度} = \frac{1}{2}\cdot U$$

$$Q = \frac{\pi d^4}{128\mu L}(P_1-P_2)$$

ここに
- Q　：チョーク通過流量（㎥/s）
- d　：チョーク穴内径（m）
- P_1：入口圧力（Pa）
- P_2：出口圧力（Pa）
- μ　：流体の絶対粘度　$\mu=\nu\cdot\rho$
- L　：チョーク穴流れの長さ（m）

これは「ハーゲン・ポアズイユの式」という

Column

水から学ぶ網目状管路網の流れ

油圧では網目状の管路網を使わないため気にしていませんでしたが、ある時、油圧シリンダへ接続する管路が網目状で、タンクから油を吸い込む動作でしたので、「どのような流れになり、吸い込み抵抗はどのくらいか」と考えました。

その時、板東修さんが書かれた『EXCELで解く配管とポンプの流れ』（工業調査会、2008年9月発行）が目に留まりました。

この本は管路をループ化するだけで高度な省エネルギー的流量制御機能を付加することと、面倒な計算がEXCELの最適化分析ツール「ソルバー機能」を用いると容易にできることを解説したものです。

網目状の管路網は、分岐した管路が下流で再び合流します。ある部分の管路が不通になっても、そこを迂回してその先あるいはその辺りに流体供給を行うことができます。このため大事なライフラインを担う水道・ガスの管路は古くから網目状の管路網とされています。この網目状の管路網は、各支流の流量は最も流れ抵抗が少ないように決まり、省エネルギーの流れとなる特徴がありますが、その支流の流量を求めるのが大変です。

この本の計算法では、水は消費される動力が最小になるように流れるため、これを「総管路損失動力最小化の原理」と呼んでいます。これは各支流の管路損失動力の合計を計算し、この中に必ずある最小値を見つけ出す方法です。この総管路損失動力が最小値の時の各支流の流量を求めています。

実際に使ってみましたが、予想以上に使い勝手が良く、複雑な管路ほど満足します。

各支流の流量、各節点の圧力が表示されるため、管路網の入り口から出口までの流れがよく理解できます。

自然現象から学ぶことは多いですが、この網目状管路網の流れもその一つになりました。

第4章

油圧機器の仕組み

26 油圧機器の歴史

石油精製法の発展とともに水圧から油圧へ

油圧機器の歴史は水圧機器の歴史であり、16世紀に始まり、ラメリがロータリポンプを、セルビエがギヤポンプとウイングポンプを考案したのが最初といわれています。ただ、この時代の製造技術は未熟で、実用化されたのはずっと後の18世紀です。ヘンリー・モーズレーとジョジフ・ブラマーによる水圧プレスが最初といわれています。

19世紀にはアームストロングによる水圧クレーンや、パリのエッフェル塔に水圧エレベータが設置されるなど、水圧機器は盛んに用いられますが、同時期に交流電動機の発達・普及もあって、水圧機械は徐々に下火になっていきます。20世紀に入ると、石油の精製法が発達することによってよい潤滑油ができたこと、また耐油性のよい合成ゴムパッキンが出現したことで、液圧機械は水圧にかわり油を使用する油圧が主流になっていきます。

その油圧が広まる最初の契機となるのは1903年のアメリカのThe Waterbury Tool 社が製作したピストンポンプ・モータによる油圧伝動装置で、戦艦バージニアの砲塔駆動に用いられました。これは非常に好評を博し、のちにアメリカ海軍の標準仕様になっています。

同時期、アメリカのVickers社は工作機械、紡織機、荷役機械などの産業機械向けの油圧機器の開発に力を入れ、1925年に平衡形ベーンポンプを発明します。この油圧ポンプは、最初トラックとバスのステアリング装置に採用され、その後多くの産業機械に用いられ、油圧化を一気に加速する牽引力になります。

その後は、世界規模で油圧技術が導入され、あらゆる産業の自動化になくてはならない基幹技術の一つとして発達し、今日に及んでいます。

要点BOX

- ●16世紀にポンプのアイデアが考案される
- ●18世紀に水圧プレスの実用化開始
- ●20世紀に油圧ポンプが発明される

初期の水圧ポンプのアイデア

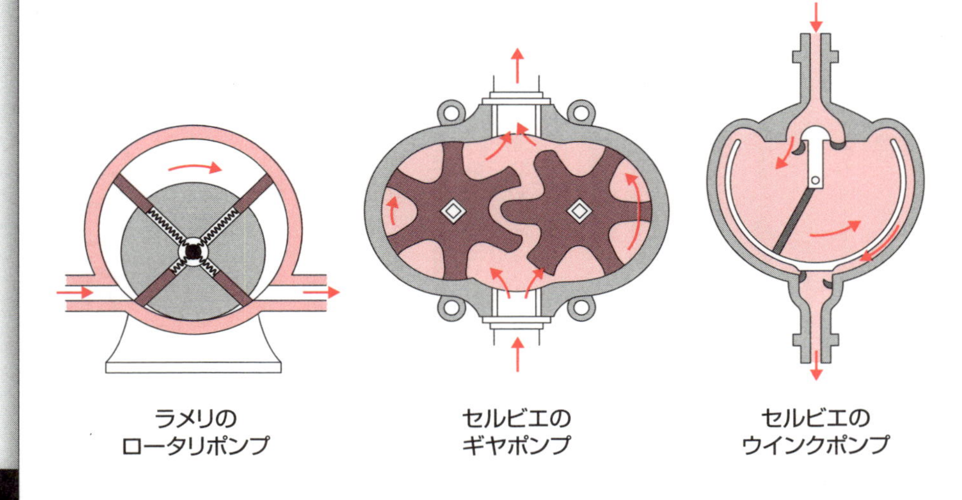

油圧の歴史

1588年	ラメリのロータリポンプのアイデア
1593年	セルビエのギヤポンプとウイングポンプのアイデア
1653年	パスカルの原理
1738年	ベルヌーイの定理
1795年	ヘンリー・モーズレーとジョジフ・ブラマーの水圧プレス製作
1845年	アームストロングの水圧クレーン製作
1889年	エッフェル塔に水圧エレベータ設置
1900年	トーマのアキシアルピストンポンプ発明
1903年	ウイリアムズとジャネの油圧伝動装置発明
1907年	ショウのラジアルピストンポンプ・モータ発明
1925年	ビッカースの平衡形ベーンポンプ発明

27 油圧ポンプの分類と特性

ポンプの特徴と主要な用途分野

油圧ポンプはすべて容積形ポンプに属し、容積が変化した分だけ吐き出す機構のものです。油圧ポンプを分類すると、回転式ポンプのギヤポンプ、ベーンポンプ、ねじポンプと往復式ポンプのアキシアル形、ラジアル形、レシプロ形になります。表の油圧ポンプの分類および性能比較を参照してください。

ギヤポンプは、部品点数が少なく構造が簡単で廉価であることと、吸込特性のよいことが特徴です。なお、可変容量形は構造的に不可能であり、定容量形しかありません。産業車両、農業機械、金属加工機械などでよく使われています。

ベーンポンプは、脈動が小さく、運転音が静かで長寿命なことが特徴です。自動車のパワーステアリング装置の油圧源などに、可変容量形ベーンポンプは工作機械によく使われています。

ねじポンプは、かみ合うねじによって油が連続的に軸方向に送り出される構造で、吐き出し流れの脈動がなく、運転音は油圧ポンプの中で最も小さいのが特徴です。油圧エレベータなどに使われています。

アキシアルピストンポンプは、高圧での内部漏れが極めて小さく、高効率が特徴です。建設機械向けを中心に、船舶、製鉄機械、樹脂加工機械などに多く使われています。

また、アキシアルピストンポンプは斜板式、斜軸式とも多様な圧力―流量の制御機能を構成できるのが大きな特徴です。圧力制御、流量制御、馬力制御の三つに分類できます。圧力制御には最も多く見られる圧力コンペンセータ形があり、馬力制御には馬力一定形やロードセンシング形があります。

ラジアルピストン形は、油圧ポンプよりも油圧モータとしてよく使われています。

レシプロピストンポンプは、難燃性作動油や水圧を用いる設備機械に多く使われています。

要点BOX

- ●大きく分けて回転式と往復式がある
- ●可変容量形は省エネルギー化に有効
- ●ピストンポンプは高圧化に最も優れている

油圧ポンプの分類

- 油圧ポンプ
  - 回転式ポンプ
    - ギヤポンプ
      - 外接形（定容量形）
      - 内接形（定容量形）
    - ベーンポンプ
      - 平衡形（定容量形）
      - 非平衡形（可変容量形）
    - ねじポンプ
      - 3軸形（定容量形）
  - 往復式ポンプ
    - アキシアルピストンポンプ
      - 斜板式
      - 斜軸式
    - ラジアルピストンポンプ
      - 回転シリンダ形
      - 固定シリンダ形
    - レシプロピストンポンプ
      - クランク形

油圧ポンプの性能比較

	形式	押しのけ容積 (cm^3/rev)	最高圧力 (MPa)	最高回転速度 (min^{-1})	全効率 (%)	運転音 脈動	耐久性 耐コンタミ	吸込性
ギヤポンプ	外接形	4.5～125	17.5～28	1800～3000	75～85	×	◎	◎
	内接形	3.6～500	0.5～30	1200～3000	65～90	○	◎	◎
ベーンポンプ	平衡形	7.5～372	3.5～21	1200～2500	70～85	◎	○	○
	非平衡形	8～25	7～14	1200～1800	60～70	○	○	○
ピストンポンプ	斜板式	8～500	14～40	1200～3600	85～92	×	△	△
	斜軸式	4～507	35～45	1440～4500	88～95	×	△	△

28 ピストンポンプの仕組み

斜板式定容量形ピストンポンプ

　ここでは最も基本的なピストンポンプといえる斜板式ポンプの定容量形を例に挙げて説明します。

　斜板式では、各ピストンが一方の端を斜板（スワシュプレート）面に接しながら公転することによって、往復運動をします。吐出行程では、ピストンは吐出圧力によって、斜板に押し付けられます。しかし、吸込行程では、ピストンは負圧によって、斜板から離される方向に力を受けます。このままでは、ピストンシューと斜板とのすべり面が損傷してしまいます。

　これを防ぐために、シュープレートがピストンシューを引っ張って、斜板面に押し付けています。このシュープレートの引っ張り力は、シリンダブロック内のばね力がピンとスヘリカルワッシャを介して伝えています（上図）。

　1本のピストンに注目すると、公転中の半回転の間は吸込方向に、残る半回転の間は吐出方向にストロークします。従って、これらの場所に合わせて、半円弧状のキドニーポート（繭形ポート）を持つバルブプレートを固定させることによって、連続的なポンプ作用が得られます（下図）。

　次に、斜板式ピストンポンプのシリンダブロックとバルブプレート面の形状について説明します。シリンダブロックは、油圧力とばね力とによって、バルブプレートの表面に押し付けられることから、吐出圧力が高くなっても、両者のすべり面のすき間からの漏れ量を少なく保つことができます。このことは、ピストンポンプが高圧仕様に適している最大の理由です。

　ピストンポンプのシリンダブロックとバルブプレートとの間やピストンシューと斜板との間などのしゅう動部分は流体潤滑を形成しており、寿命は半永久的になります。

　ピストンポンプの寿命は一般にベアリングの寿命で決められています。

要点BOX
- ●シュープレートがすべり面の損傷を防ぐ
- ●連続的なポンプ作用の仕組み
- ●ピストンポンプは高圧仕様に最適

斜板式定容量形ピストンポンプの構造

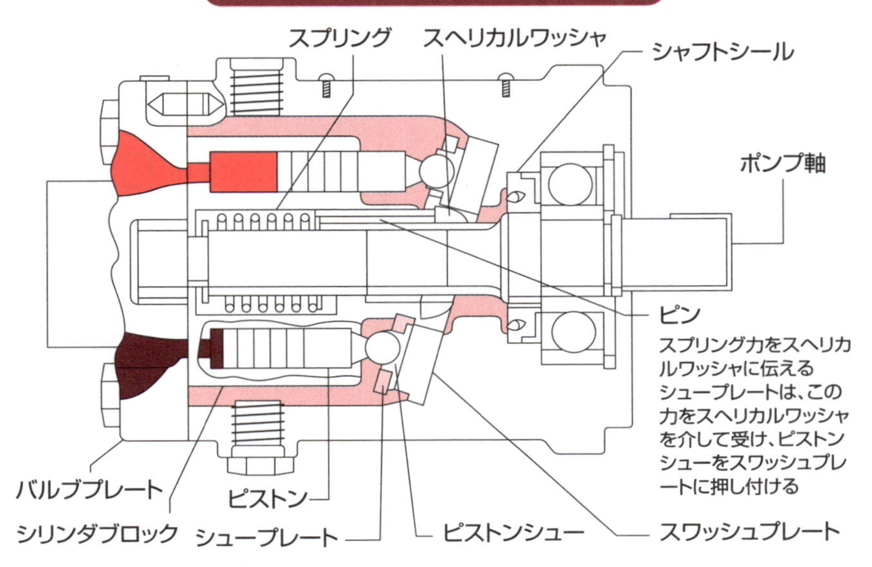

斜板式ピストンポンプの作動原理

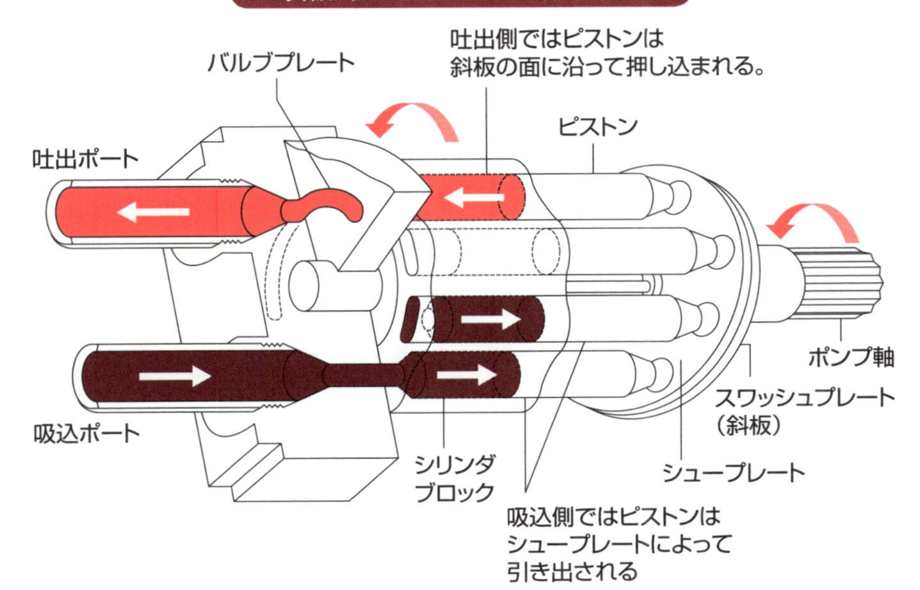

29 ピストンポンプ 可変容量の仕組み

可変容量形ポンプ

エンジンは電動機に比べて過大トルクを保持する能力が劣ります。このため、エンジン駆動の油圧ポンプではエンジンがストップしないように、一般に馬力一定制御にします。

ロードセンシング制御は、アクチュエータが必要とする圧力、流量のみ（必要な馬力になります）を供給する省エネルギー方式の代表的なものです。

表に示すように可変容量形ポンプの制御方式はいろいろあります。ここでは、最も基本となるプレッシャーコンペンセータ方式（圧力補償形）の仕組みを説明します。

図はそのポンプの構造と圧力–流量特性を示したものです。定容量形との違いは、斜板を揺動するコントロールピストンとその制御弁があることです。通常の斜板の位置は、ヨークスプリングで最大角度に傾いており、ポンプは最大流量を吐き出します。ポンプ吐出圧力が設定圧に近づくと、制御弁のスプールが切り換わり、コントロールピストンに圧油を送り、斜板の位置を傾転角0方向に揺動します。そして、コントロールピストンは斜板角度を設定圧力が保持できる位置にバランスさせ、そのままの状態で回転を続けます。これがプレッシャーコンペンセータ形の作動原理です。

可変容量形ポンプは、アクチュエータが必要な力を保持しながら、吐出流量をほぼ0にしています。従って、この間のポンプ消費動力は非常に小さくて済みます。この機能は油圧システムが電動式に勝る最大の特徴です。

電動式では、力を保持したまま消費動力を小さくすることはできません。電動式の場合には出力トルクは電流の大きさに比例します。そのため、大きな力を保持するには、大きな電流を流し続ける必要があるためです。

要点BOX
- ●最も基本的な圧力補償形の作動原理
- ●可変容量形ポンプによる制御方式はさまざま
- ●電動式に勝る油圧ポンプの力制御

可変容量形ポンプの制御方法と機能

制御方式		制御方式	制御線図	機能説明
対照	名称			
圧力	プレッシャコンペンセータ	・内部パイロット圧力	吐出量／圧力	・吐出圧力があらかじめセットされたフルカットオフ圧力に近づくと吐出量は自動的に減少し、セット圧力が保持される
流量	ハンドルレギュレータ	・手動ハンドル	吐出量／ハンドル回転角	・手動ハンドルによりポンプ吐出量を自由に変える
(圧力・流量)動力	トルク一定制御	・内部パイロット圧力	吐出量／圧力	・自己ポンプ吐出圧力の上昇に従って、ポンプの傾転角を自動的に減少させ、トルクを一定に制御する
	馬力一定制御	・内部パイロット圧力	吐出量／圧力	・設定されたPQ線図に従って自動的にポンプ吐出量を制御する
	ロードセンシング制御	・電磁比例弁	吐出量(大←入力電流→小)／圧力(小←入力電流→大)	・アクチュエータが必要とする圧力、流量のみを供給する省エネルギー制御

可変容量形ピストンポンプの作動原理

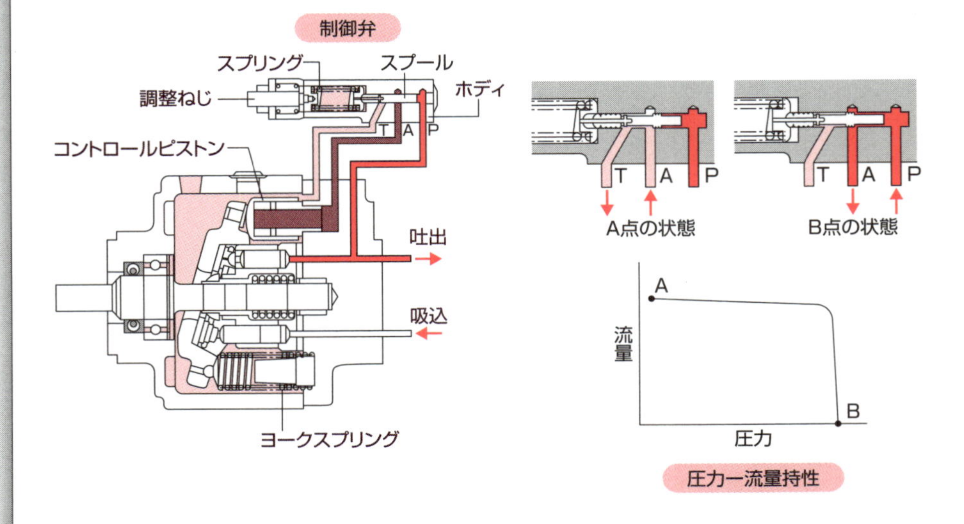

30 ギヤポンプの仕組みと特徴

部品点数が少なく、構造が簡単

ギヤポンプは一対のギヤをかみ合わせて構成しています。ギヤの歯と歯の間の油が、歯のかみ合いによって押し出され、逆にかみ合い状態から開放される所で吸込作用をします。これは、歯と歯がかみ合う場所とかみ合いが離れる場所で、それぞれのギヤの歯の間の空間の容積が変化することによります。

ベーンポンプやピストンポンプと比較して部品点数が少なく構造が簡単で、過酷な運転条件に耐える特徴があり、あらゆる分野に使われています。

(1)外接ギヤポンプ

ギヤポンプは高圧になるとギヤとサイドプレートとのすき間からの漏れが著しく増えますが、現在はサイドプレートを軸方向へ移動できるようにした可動側板形が主流です。これは、サイドプレートの裏側へ吐出圧力を導き、吐出圧力の上昇とともにサイドプレートをギヤ側面に押し付け、適正なすき間を得るものです。

可動側板を用いることによって、最高使用圧力は17・5～28MPaに上昇し、容積効率は90％以上になっています。

(2)内接ギヤポンプ

内接ギヤポンプは、ピニオンとインターナルギヤとがかみ合ってボディ内で回転する構造のもので、三ケ月形のセグメントを用いて吸込側と吐出側とを分離する構造のものとセグメントのない構造の2種類があります。

この内接ギヤポンプは、圧力が徐々に昇圧するようになっていて、急激な圧力変動がないため騒音は低いのが特徴です。

セグメントのないタイプはトロコイド歯形が多く、7MPa以下の低圧であり、補給ポンプとして一般に使われています。

要点BOX
- 耐久性が高いため、応用分野は幅広い
- 外接ギヤポンプは高圧・容積高効率
- 内接ギヤポンプは圧力変動がなく、低騒音

外接ギヤポンプの作動原理

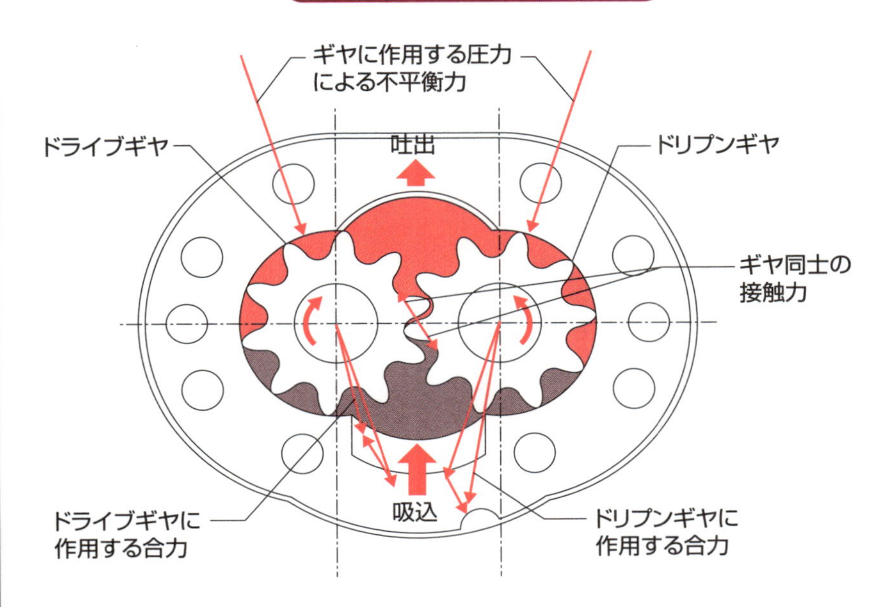

内接ギヤポンプの作動原理

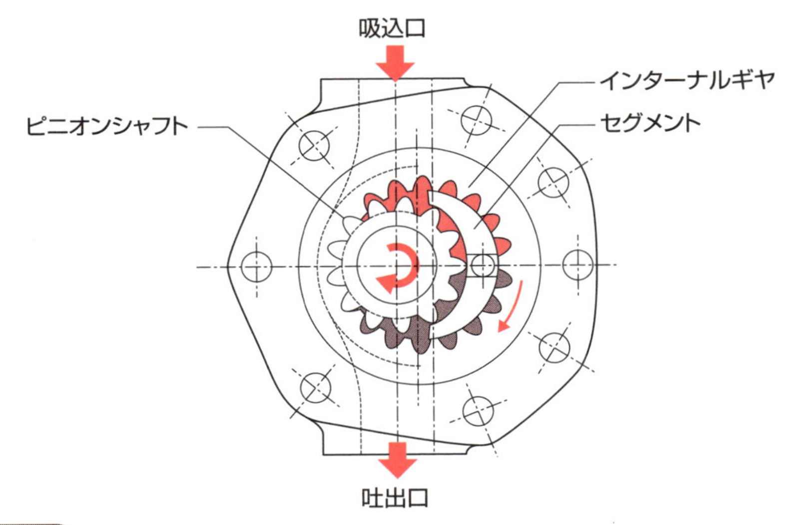

用語解説

歯形：インボリュート歯形が一般的で、最も多く使用。特に高圧用に適す。低圧用にはトロコイド歯形が多く見られる。

31 ベーンポンプの仕組みと特徴

軸受に負荷が掛からない平衡形

ベーンポンプは、放射状に設けられたロータの溝に挿入されたベーンが、カムリングに内接しながら回転することによって、ベーン間の油を吸込側から吐出側に送り出す機構の油圧ポンプです。

(1)平衡形ベーンポンプ

ベーンポンプには、軸対称に吸込口と吐出口がそれぞれ2カ所あり、1回転する間に2回ずつ吸い込みと吐き出しを行います。軸対称に吐出口があるために、軸受が受ける油圧力は相殺されます。

一般に油圧ポンプの吐出圧力は、軸受の負荷になっていますが、ベーンポンプの場合には、軸受は油圧による負荷が掛からない特徴があります。このため「平衡形ベーンポンプ」と呼んでいます。

次にベーンの構造について説明します。

高圧仕様のベーンの構造は、ベーンの底部に吐出圧力を導いて押付力を得るものですが、ベーンの摩耗を軽減する仕組みを持っています。一つはイントラベーンです。これは小さなイントラベーン室にポンプ吐出圧力を常に導き、アンダーベーン室には高圧域で吐出圧を、低圧域で吸込圧を導きます。このことによって、高圧時のベーンの押付力を低減しています。

もう一つはデュアルベーンです。これはベーンの先端部と底部に吐出圧力を作用させ、ベーンの押付力を低減するものです。

(2)非平衡形ベーンポンプ

可変容量形ベーンポンプは、構造上非平衡形になります。可変機構は圧力補償形です。吐出圧力が低いときは、ロータと円形カムリングの偏心量は最大値を保ち、圧力が設定値に近づくとカムリングは移動し、吐出量が減少する機構です。

小形、低圧仕様の工作機械に多く使用されています。

要点BOX
- ●平衡形ベーンポンプの場合、軸受は油圧の負荷がない
- ●ベーンの摩耗を軽減する仕組みを持つ

平衡形ベーンポンプの作動原理

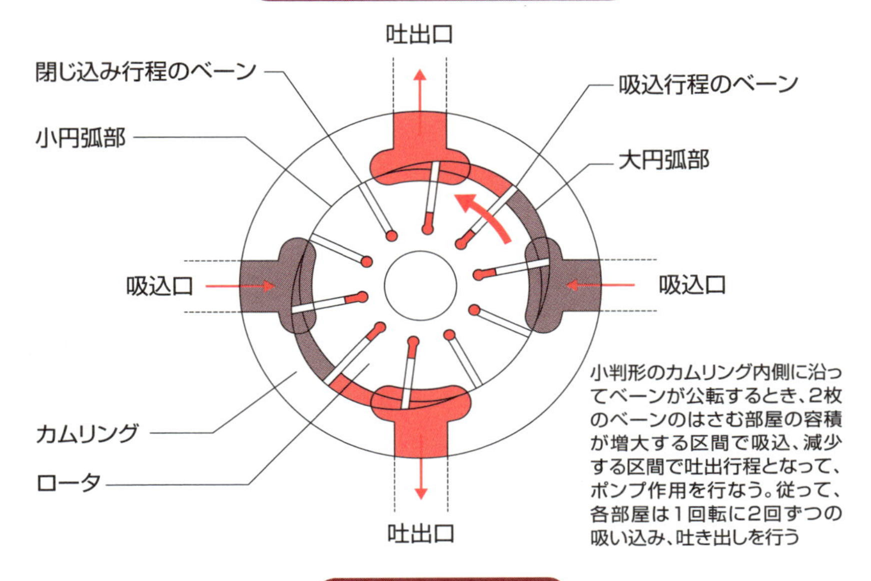

小判形のカムリング内側に沿ってベーンが公転するとき、2枚のベーンのはさむ部屋の容積が増大する区間で吸込、減少する区間で吐出行程となって、ポンプ作用を行なう。従って、各部屋は1回転に2回ずつの吸い込み、吐き出しを行う

イントラベーン構造

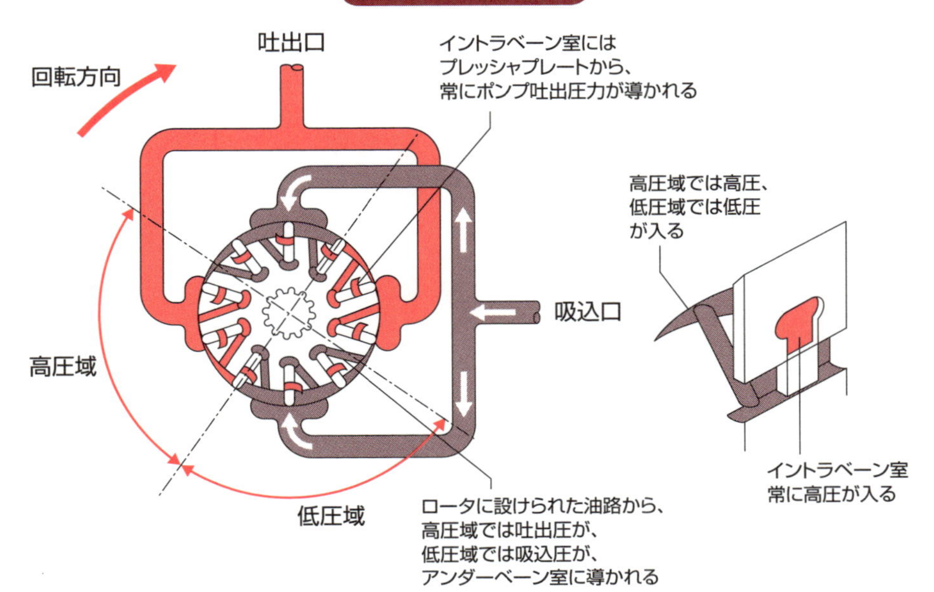

32 圧力制御弁の分類と特性

ばね力でバランスさせる構造

一般に圧力制御弁の分類は表のとおりです。また、圧力制御弁の特性として基本的なものは、圧力調整範囲と圧力ー流量特性です。

圧力制御弁は、ばね力にバランスさせて圧力を制御するような構造をしています。1種類のばねで最低圧力から最高圧力まで制御させるとバルブのサイズが大きくなり、また圧力の調整もしづらくなります。このため、一般に圧力制御弁は、圧力調整可能な範囲を狭めたばねを何種類か揃えます。それぞれのばねに対応して圧力調整範囲が決められています。

もう一点は圧力ー流量特性です。これはバルブに流す流量を変えたときに、制御圧力がどの程度変動するかを示す特性で、最も重要なものです。

リリーフ弁の場合には、流量を増やしていくと、制御圧力は少しずつ上昇していきます。これは、直動形のポペットやバランスピストン形のピストンを押さえているばねのたわみ量が増えるため、ばね力の増加に見合って制御圧力が上昇するからです。また、リリーフ弁の場合には、この圧力ー流量特性を「圧力オーバライド特性」とも呼んでいます。

減圧弁の場合には、流量を増やしていくと、制御圧力は少しずつ低下していきます。スプールが開口面積を広げる方向に移動するため、スプールを押えているばねのたわみ量は減ります。この結果、ばね力の減少に見合って制御圧力が低下することになります。減圧弁のこの圧力ー流量特性を「圧力アンダーライド特性」と呼ぶこともあります。

また、圧力制御弁は直動形とパイロット形の二つがあります。例えば、リリーフ弁の場合は33項のパイロット形リリーフ弁と最上図で示す直動形リリーフ弁および34項で示す直動形があります。この二つは漏れ特性、応答性、圧力オーバーライド特性などが異なるので、使い分ける必要があります。

要点BOX
- ●基本は圧力調整範囲と圧力ー流量特性
- ●直動形とパイロット形の使い分けが必要

圧力制御弁の分類

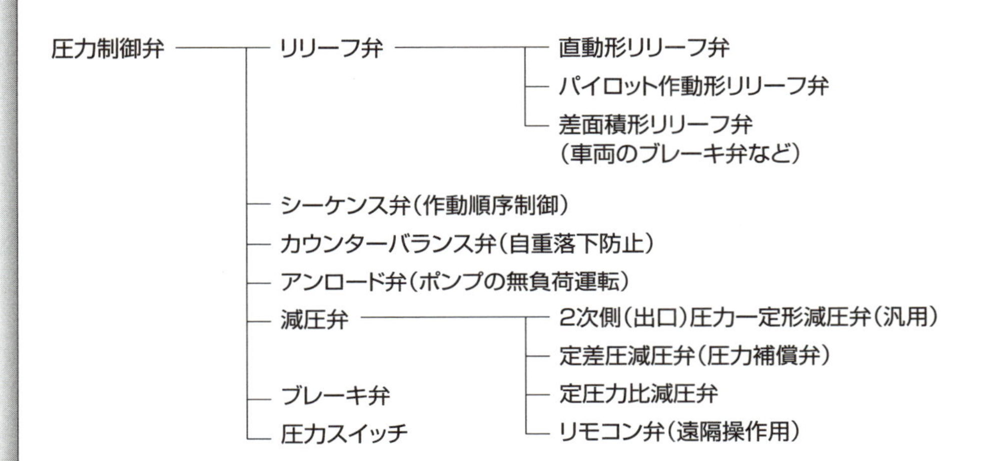

圧力制御弁の性能

・圧力調整範囲
・圧力―流量特性(圧力オーバーライド特性)
(圧力アンダーライド特性)

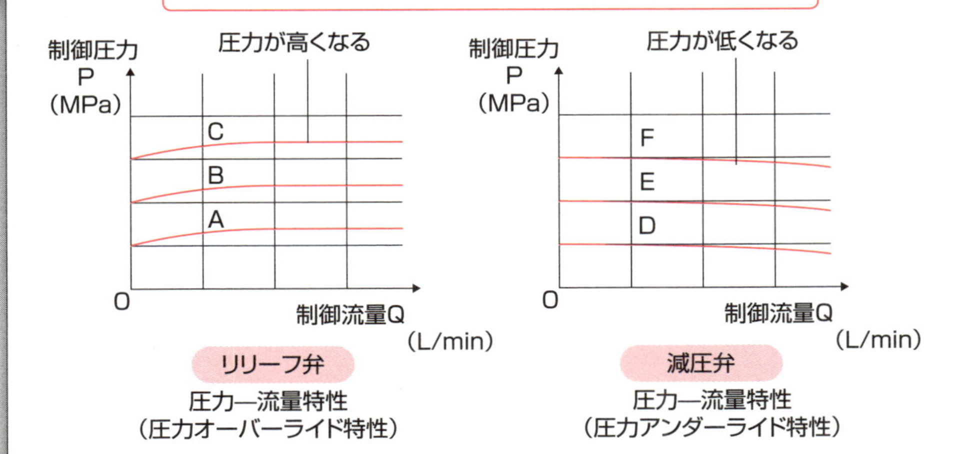

圧力―流量特性
(圧力オーバーライド特性)

圧力―流量特性
(圧力アンダーライド特性)

33 リリーフ弁の構造と仕組み

最も基本的なのが直動形

直動形リリーフ弁は、ボールまたはポペットを調整可能なばねによってシートに押し付けた構造です。回路圧力が上昇して、バルブの設定圧力に達すると、ばねはポペットを押し上げようとする油圧力に負け、後退することによって、シートとの間に油の戻り口を開きます。そして、油の一部を油タンクへ逃がし、回路圧力が設定値以上に上昇するのを防ぎ、一定圧力を保持します。

これが直動形リリーフ弁の作動原理で、応答性はよいものの、圧力オーバライドが大きいことやチャタリング現象を起こしやすいという欠点があります。このため、直動形リリーフ弁は一般に安全弁か低圧用リリーフ弁あるいはパイロット作動形リリーフ弁のパイロット部に使われます。

一方、パイロット作動形リリーフ弁は、回路内の余剰油を逃がすピストンと圧力を調整するパイロット部から構成されています（図）。回路圧力が設定圧以下の場合には、ピストンはばねの力でシートに押し付けられて、油タンクにつながるポートは閉じています。

回路圧力が設定値以上になると、圧油はピストンに設けられたチョークを通り、ポペットを開いて流れ始めます。さらに回路圧力が上昇すると、ピストンのチョークの圧力降下によって、ピストンの上下面には圧力差が生じ、ピストンはばね力に対抗して上方に移動します。こうして、回路内の油はピストンとシートの間から油タンクへ流れます。

この間、ピストンは上下面に作用する圧力差による力とばね力とがバランスする状態を保持しながら、回路圧力を一定に制御します。これがパイロット作動形リリーフ弁の作動原理です。

直動形は応答性がよく圧力ピークの除去に用いられ、パイロット作動形は圧力オーバーライド特性がよいのでメインの圧力制御に用いられます。

要点BOX
- ●直動形は応答性がよい
- ●パイロット作動形は圧力オーバーライドが良く、大流量域まで使える

回路圧力 < 設定圧力

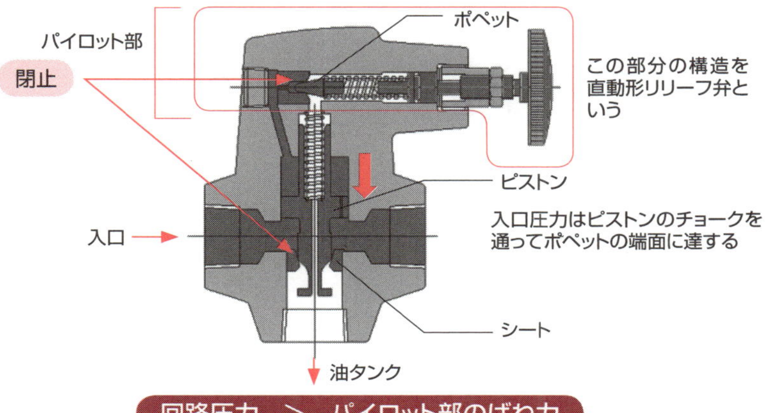

回路圧力 ＞ パイロット部のばね力

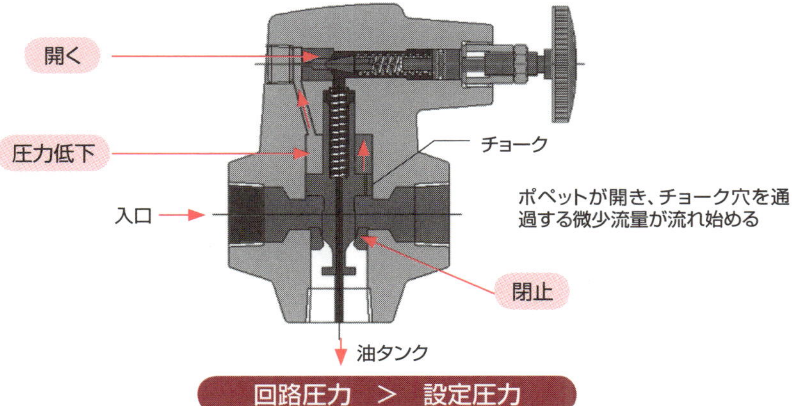

回路圧力 ＞ 設定圧力

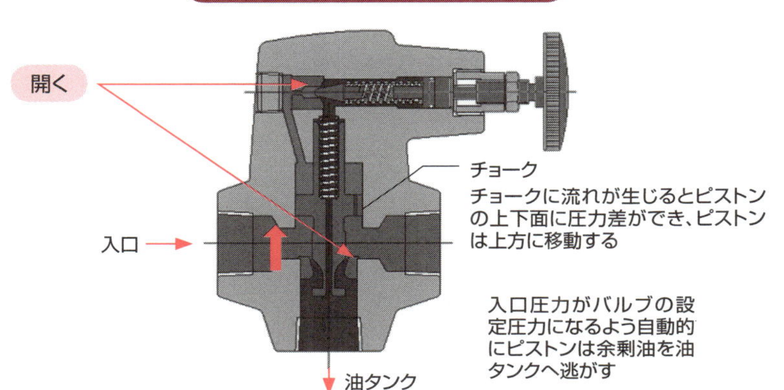

34 直動形圧力制御弁の仕組み

直動形圧力制御弁の構造と特性

スプールタイプの直動形圧力制御弁は、圧力設定用のばねの力でスプールを押し込み、1次側と2次側の油路を閉じています。

パイロット圧力は下カバーの油路を通って小ピストンの下側に導かれ、ばねの力に打ち勝ってスプールを油路が開く方向に働きます。

なお、パイロット圧力は小ピストンを介して直接スプールに作用しています。また、スプールの下側と上側は中を通る細穴を介してばね室とつながっており、圧力はバランスしています。

この直動形圧力制御弁は下カバーと上カバーの組み合わせによってリリーフ弁、シーケンス弁およびアンロード弁の機能が得られます。さらに、バイパスラインにチェック弁を内蔵して、シーケンス弁およびカウンターバランス弁が得られます。

下カバーと上カバーの組み合わせは4通りです。下カバーの取り付け向きによって、内部パイロット形と外部パイロット形ができます。同様に、上カバーの取り付け向きによって、内部ドレン形と外部ドレン形ができます。

これらの組み合わせを下図に示します。

このバルブは直動形のため圧力オーバーライドが大きく、またスプール弁タイプのために1次側と2次側の油路はオーバーラップした状態で遮断されており、リリーフ弁として使用しません。

しかし、直動形圧力制御弁は応答性が早いのが特徴で、アンドロード弁、シーケンス弁、カウンターバランス弁としてよく使用されています。

54項で説明する内部パイロットと外部パイロットを併用したカウンターバランス弁は次のとおりです。標準弁に対してスプールの中を通る細穴をなくし、スプール端面にもパイロット圧力を導くための補助ポートを追加したものです。これにより、反転負荷の動作において省エネを可能にしています。

要点BOX

- ●ばね力を活用して油路を閉じる
- ●下カバーと上カバーの組み合わせは4通り
- ●圧力応答が良く主にカンバラ弁に使用

直動形圧力制御弁（リリーフ弁機能の場合）

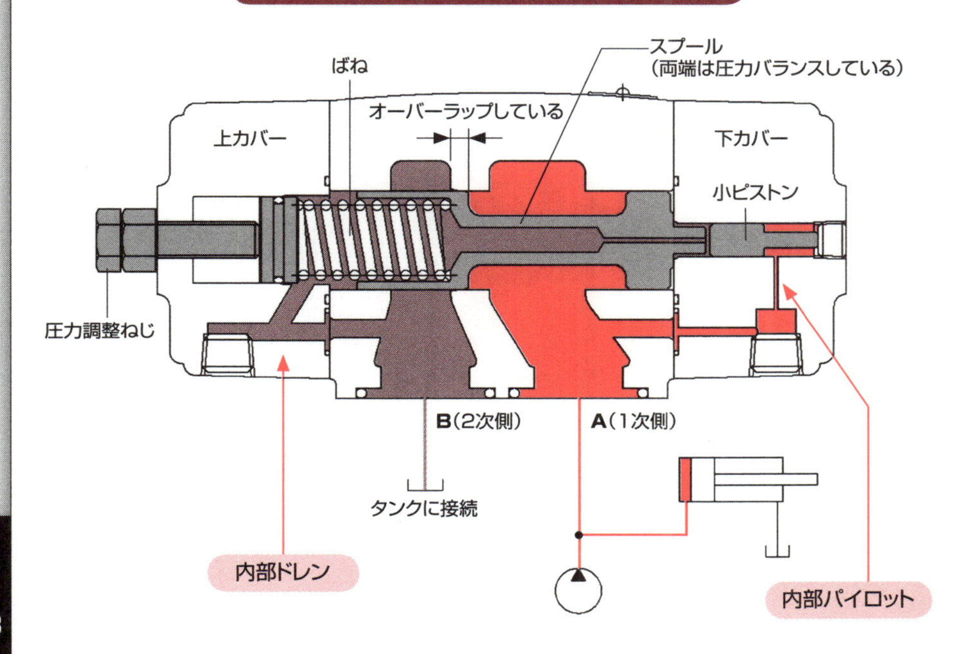

直動形圧力制御弁の種類

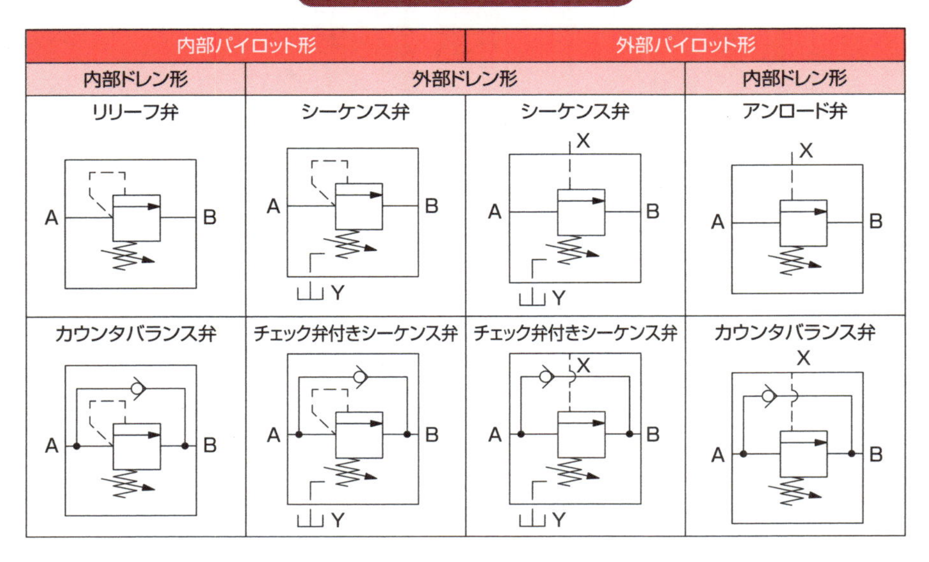

内部パイロット形		外部パイロット形	
内部ドレン形	外部ドレン形		内部ドレン形
リリーフ弁	シーケンス弁	シーケンス弁	アンロード弁
カウンタバランス弁	チェック弁付きシーケンス弁	チェック弁付きシーケンス弁	カウンタバランス弁

35 減圧弁の仕組み

最も汎用的な2次側圧力一定形

ここでは最も汎用的なタイプの2次側（出口）圧力を一定にするパイロット作動形減圧弁を説明します。この減圧弁は、圧力調整を行う上部カバーのパイロット部とスプールおよびばねを含む本体部から構成されています。パイロット部のハンドルで圧力を調整し、本体のスプールが上下動することによって2次側の圧力を制御します。

2次側圧力が設定圧力以下のときは、パイロット部のポペットは閉じたままで、スプールの上下面には同じ大きさの圧力が作用しています。スプールは、ばねの力で押されて下方限の位置にあり、本体のC部は大きく開いています。従って、1次側の圧油は抵抗なく2次側に流れます。

2次側の圧力が設定圧力以上になると、パイロット部のポペットが開き、圧油はドレン口から流出します。すると、本体のスプールに設けられたE部のチョークにも流れが生じます。リリーフ弁のスプールと同様に、このとき減圧弁スプールの両端には圧力差が生じます。この圧力差によって生じる力がばね力を上回ると、スプールは上方に移動し、C部の開口面積を小さくします。

そのため、1次側からの油の流入は、絞りCが制限することによって、2次側圧力を設定圧力に制御します。減圧制御している状態では、スプールの絞りCは全閉とはならず、1次側から2次側、そしてチョークEからポペットを通って常に微小な油がドレン口へ流れています。

これがパイロット作動形減圧弁の作動原理です。この減圧弁を使用することによって、複数のアクチュエータの力制御を同時に行うことができます。

減圧弁にはこの他に、1次側圧力と2次側圧力との差圧を一定にするものがあります。これは37項で説明しますが、制御流量を一定にするために油圧機器の内部部品としてよく使われています。

要点BOX
- ●ポペットで圧力を調整し2次圧を制御
- ●減圧弁にはドレンポートが必要
- ●減圧弁によって複数のアクチュエータを制御

減圧弁の動作

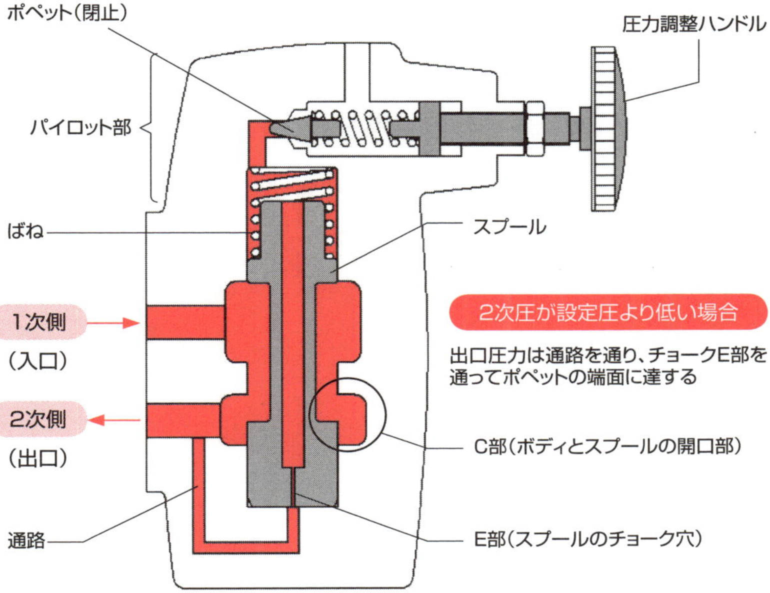

ポペット（閉止）

圧力調整ハンドル

パイロット部

ばね

スプール

1次側
（入口）

2次側
（出口）

通路

2次圧が設定圧より低い場合

出口圧力は通路を通り、チョークE部を通ってポペットの端面に達する

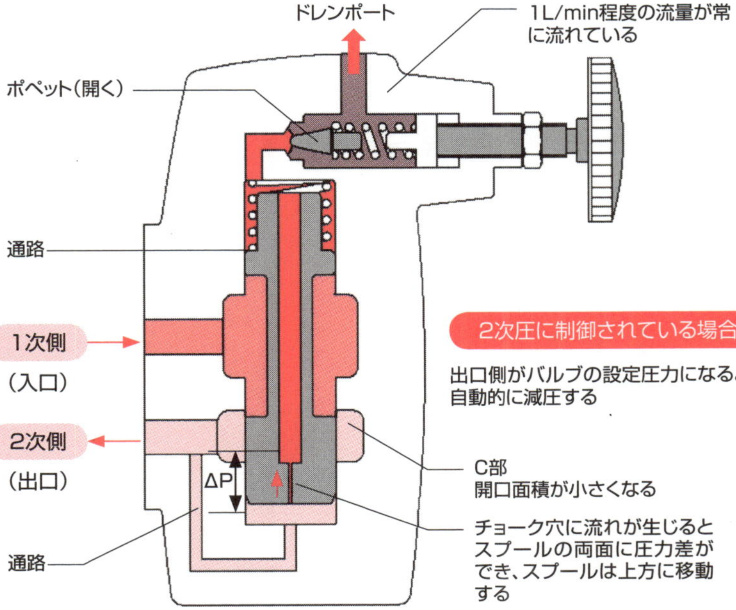

C部（ボディとスプールの開口部）

E部（スプールのチョーク穴）

ドレンポート

1L/min程度の流量が常に流れている

ポペット（開く）

通路

1次側
（入口）

2次側
（出口）

ΔP

通路

2次圧に制御されている場合

出口側がバルブの設定圧力になるよう自動的に減圧する

C部
開口面積が小さくなる

チョーク穴に流れが生じるとスプールの両面に圧力差ができ、スプールは上方に移動する

36 流量制御弁の分類と特性

基本的な機能は三つ

流量制御弁はアクチュエータの速度をコントロールするもので、一般に表のように分類され、プレフィル弁まで含まれます。

流量制御弁の基本的な機能は、次の三つに分けられます。

①可変絞り：流路の面積を調整するだけのもので、負荷圧の変動によって流量が変わる

②圧力補償付き：可変絞りの前後差圧に変動があっても流量を一定に保つ機能

③温度補償付き：温度（粘度）変化があっても流量を一定に保つ機能。一般に熱膨張係数の大きい材料のロッドを用いて、油温が上昇すると、ロッドが伸びて絞り開口面積を小さくする。また、油温が下がると、ロッドが収縮して開口面積を大きくする。このようにして温度補償を行う

流量制御弁の基本的な特性は開度−流量特性です。可変絞り弁では一般にテーパ付きニードル形とします。これは弁前後の圧力差を一定にした状態では、調整軸のストロークに対して流量を直線的に制御できるためです。

この他に、圧力補償付き流量調整弁に対しては、圧力差−流量特性があります。また、温度補償付き流量調整弁に対しては、油温−流量特性があります。

圧力補償付き流量調整弁は、これを使う上で次の二つの注意点があります。

①バルブ内部の機能部品である圧力補償弁（一般に圧力コンペンセータと呼ぶ）が正常に作動するためにはバルブの前後に1MPa以上の圧力差が必要

②流し始めの0・1秒程度の間には設定値以上の流量が流れる（圧力補償弁の整定遅れによる）が、これを「ジャンピング現象」と呼ぶ

要点BOX
- ●可変絞りは負荷圧によって流量が変化
- ●圧力補償付きは前後差圧に動じない
- ●温度補償付きは温度変化に動じない

流量制御弁の分類

流量制御弁
- 絞り弁
- 流量調整弁
  - シリーズ形流量調整弁
  - バイパス形流量調整弁（省エネ形）
  - 温度圧力補償付き流量調整弁
- 分流弁
- フロープライオリティ弁（リフターなど）
- デセラレーション弁（研削盤など）
- プレフィル弁（大型プレスの吸い込みなど）

流量制御弁の性能

- 開度（ダイヤル回転数）—流量特性
- 圧力差—流量特性
- 油温—流量特性
- 最小所要圧力差特性
- ジャンピング現象（過渡的な現象）

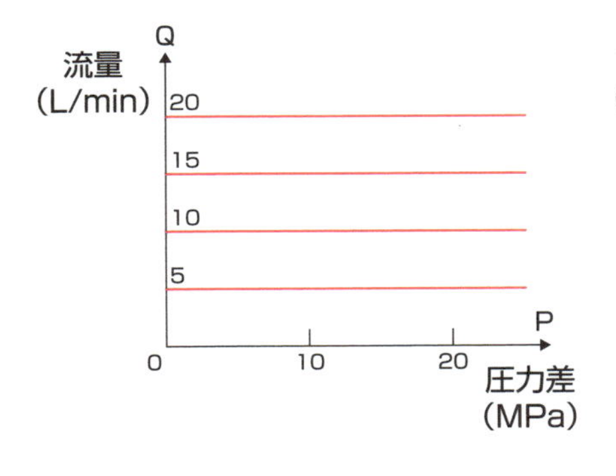

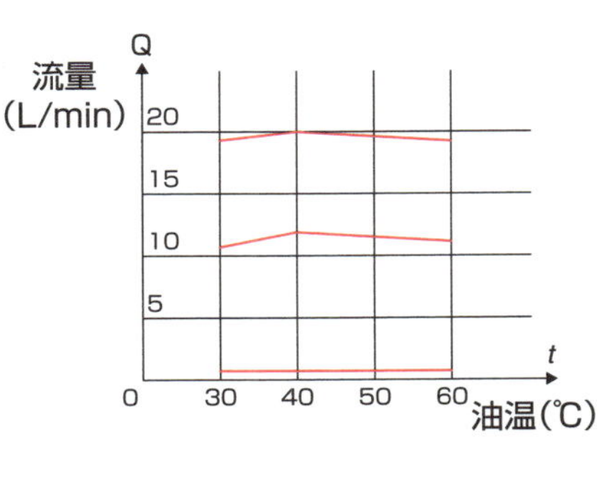

37 流量調整弁の仕組み

基本は圧力補償形フローコントロール弁

ここでは最も基本的な圧力補償形流量調整弁について説明します。バルブを通過する流量を一定に保つためには絞り前後の圧力差を一定にすることです。

圧力補償付き流量調整弁の作動原理を上図に示します。(a)は、絞りの出口は大気圧で一定ですから、減圧弁で絞りの入口圧力Psを一定にすれば、流量も一定にできます。しかし、絞りの出口圧力が変動する場合には、圧力差が変化し、流量も変動してしまいます。

この点を考慮したのが(b)です。定差圧形減圧弁を用いて、絞りの前後差圧を一定にします。

差圧を一定にする圧力補償部の構造を下図に示します。この図は絞りの前後差圧の大きさは、ばね力とピストンの断面積で決まることを示しています。

次に、流量調整弁の作動原理を下図を基に説明します。ピストンが平衡した状態では、絞りYの前後差圧は、ばね力K_1に等しくなります。例えば、流入圧力P_1が高くなると、X部への流量が増大し、X部の圧力は上昇します。このときピストンは、X部の圧力がばね力と釣り合うまで左方に移動します。すると絞り部Zは絞られ、この部分の圧力損失が増大することによって、X部の圧力は降下し、ピストンはばね力と釣り合うまで右方に移動します。この繰り返しで、ピストンは平衡状態の位置を保持します。

逆に出口圧力P_0が高くなると、ピストンは絞りYの前後差圧を一定にするように右方へ移動し平衡状態を保持します。これが流量調整弁の作動原理です。

36項のジャンピング現象は、流れ始めのピストンが全開状態から絞られた平衡状態へ移行するまでの間に過大流量が流れる現象のことを指しています。実用的にはピストンのストロークを規制するストッパを設けて、この不具合を回避しています。

要点BOX

- ●絞りの前後差圧を一定にする仕組み
- ●前後差圧の大きさはばね力で決まる
- ●ジャンピング現象の回避

圧力補償付き流量調整弁の作動原理

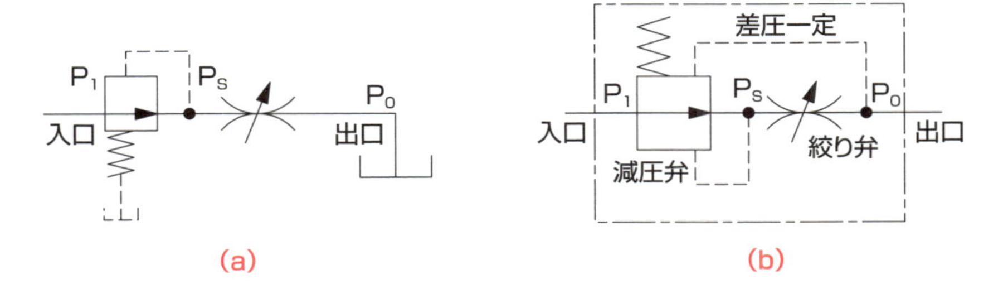

圧力補償部（定差圧減圧弁）の構造

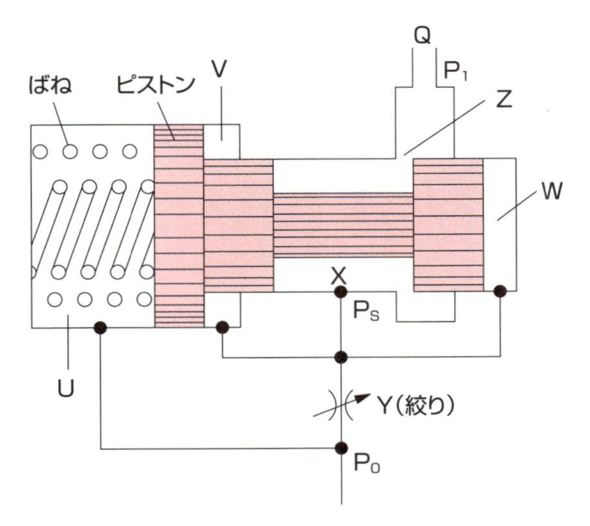

ピストンの平衡状態を示す近似式

$K_1+UP_0=(V+W)P_S$

$U=V+W$　　より

$$P_S-P_0=\frac{K_1}{U}$$

が得られる。

ここに
- P_1：入口圧力
- P_0：出口圧力
- P_s：X室圧力
- U：室Uの面積
- V：室Vの面積
- W：室Wの面積
- K_1：ピストンに作用するばね力

38 方向制御弁の分類と特性

アクチュエータの方向を制御するバルブの総称

一般に方向制御弁の分類は表のとおりです。方向制御弁はアクチュエータの動作方向を制御するバルブの総称で、バルブの機能、構造、制御手段などから分類されています。また、方向制御弁は一般に切換弁とチェック弁、シャトル弁までを含んでいます。

切換弁は、スプール形とロータリ形およびポペット形に大別されます。

スプール形は本体の中をスプールが軸方向に移動して流れを切り換える方式です。こちらは、スプール外周の圧力が平衡するため、高圧でも円滑に切り換えができ、大部分はこのタイプが使われます。

ロータリ形は中央のスプールの回転によって油の出入口を切り換える方式です。高圧になるとスプールが一方に押されて円滑な切り換えが困難となるので、低圧用が多いです。油圧モータのピストンに圧油を分配するのによく使われています。

ポペット形はポート間をメタル接触させることによって封止させるもので、内部リークがないという特徴があります。

また、切換弁はポートの数、切換位置の数、切り換えの中立位置における流れの形、ばねの取付方法および切り換えの操作方法（人力、カム、パイロット圧、電磁力など）によって分類されます。

現在の切換弁は、ソレノイドの操作によってスプールを切り換える電磁弁が最も多く使われています。電磁弁の特性としては、一般に最高圧力、最大流量、圧力降下、切換時間、消費電力などがあります。

シャトル弁とは、二つの入口と一つの出口を持ち、出口が入口圧力の作用によって、入口のいずれか一方に自動的に接続されるバルブで、高圧優先シャトルと低圧優先シャトルの2種類があります。

シャトル弁は、一般にライン圧力のセンシングに用いられます。

要点BOX

- ●方向制御弁はバルブの機能、構造などから分類
- ●切換弁はスプール形、ロータリ形、ポペット形に分類

方向切換弁の分類

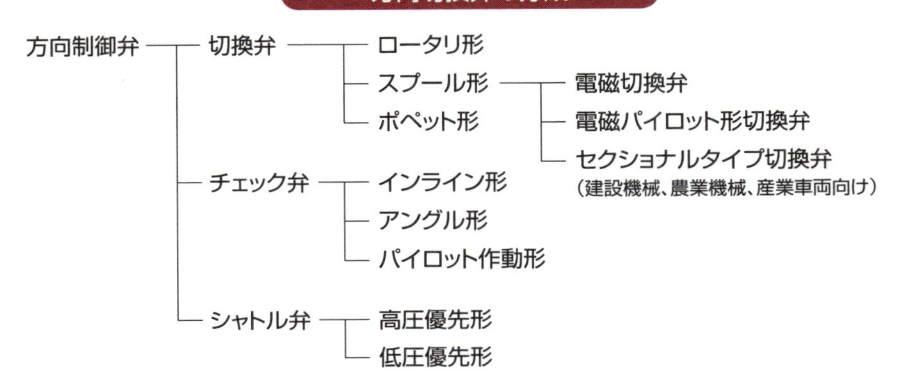

切換え弁の構造

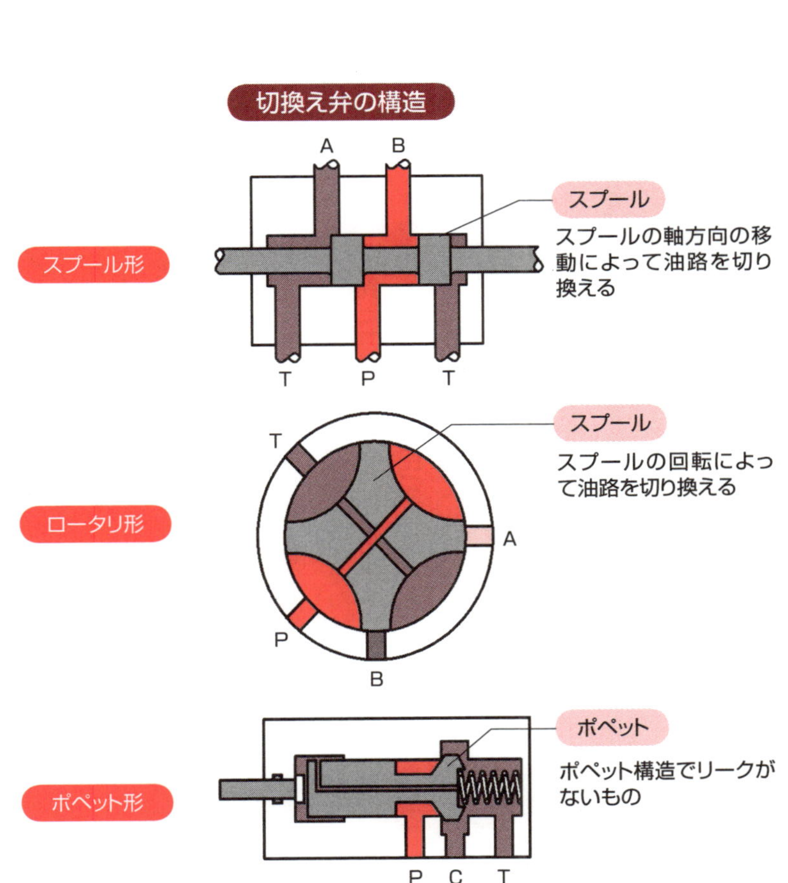

39 チェック弁とパイロット操作チェック弁

油を流す方向によって使い分ける

チェック弁は一方向の油の流れは自由ですが、逆方向には流さず、かつ漏れのないバルブです。ボディ、ポペット、ばね、シートなどの部品から構成されています。

チェック弁には、比較的低圧で衝撃の小さい回路に使われるインライン形と、主として高圧ラインに使われるアングル形があります。

チェック弁は、ばねの強さを変えていろいろな特性のものを得ています。例えば、他のパイロット切換弁の必要なスプール切換力を確保するために、チェック弁のばね力を強くして、ポペットが開き始める圧力(これをクラッキング圧力と呼んでいます）を高くしています。

縦形のシリンダを長時間にわたって位置保持させる場合には、パイロット操作チェック弁が必要です。このバルブはポペット、ばね、シート、パイロットピストンから構成され、パイロット圧力がない場合には油を封止するチェック弁の機能を持っています。逆方向へ油を流す場合には、パイロットピストンにパイロット圧力を印加しポペットを強制的に押し上げて行います。

また、パイロット操作チェック弁には内部ドレン形と外部ドレン形があります。これは、パイロットピストンを押し上げるときに背圧が高いと、パイロットピストンの押上力が負けてポペットが閉じてしまうことがあるからです。この背圧の影響を小さくするために外部ドレン形を用います。

その他、パイロット操作チェック弁にはデコンプレッション形があります。これは、ポペット弁の中に小ピストンを追加したもので、小ピストンで高圧油を逃がし、機械的なショックを防止するためのものです。高圧を使用し、かつシリンダの位置保持が必要なプレス機械などにデコンプレッション形はよく使われています。

●チェック弁はインライン形とアングル形がある
●パイロット操作チェック弁には内部ドレン形、外部ドレン形、デコンプレッション形がある

アングル形チェック弁

ばね
ポペット
出口
ボディ
シート
入口

パイロット操作チェック弁（背圧発生時の注意）

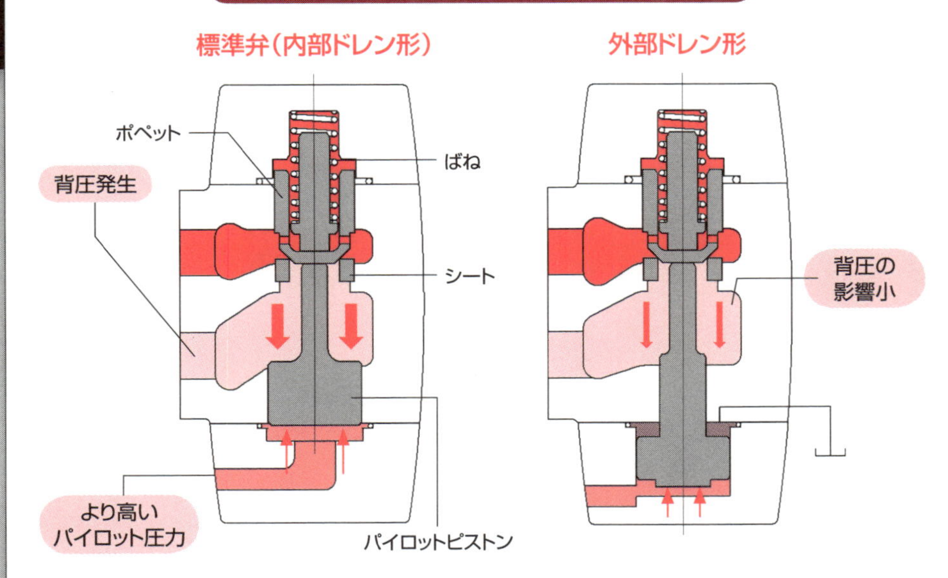

40 電磁弁の分類と構造

油圧機器に最も使われるバルブ

電磁弁は「ソレノイド弁」ともいわれており、油圧機器の中で最も数多く使われているバルブです。電磁弁の分類は一般に表のとおりです。

電磁弁の構造は、可動鉄心が油中で動くタイプのウエット形と空気中で動くタイプのドライ形がありますが、現状はウエット形が圧倒的に多く使われています。これは、ウエット形は切換時の音とショックが小さく、油漏れの心配がないなどの特徴からです。

電磁弁には、直流用のDCソレノイドと交流用のACソレノイドがあります。DCソレノイドはコイルが焼損せず、切換ショックも小さいという利点がありますが、ACソレノイドに比較して応答は遅く、またDC電源も必要です。

一方、ACソレノイドは応答が早く、商用電源が使えますが、コイルの焼損という欠点があります。

また、電磁弁はスプリングの形態によって、スプリング力で中央位置を保持するタイプのスプリングセンタ形、スプリング力でオフセット位置を保持するタイプのスプリングオフセット形、スプリングがなくデテント機構で切換位置を保持するタイプのデテント形の3種類があります。

通電が切れると、電磁弁の切換位置はスプリング力に左右されます。電源が遮断された場合でも、常に所定の切換位置を保持し、機械の安全を確保する場合などにはデテント形が使われます。

電磁弁のスプールには多くの形状がありますが、これはスプールの中央位置における油の流れの形を変えたもので、これを選択することによって、アクチュエータの負荷特性に合った動きや、油圧の回路効率を上げることができます。

また、電磁弁のサイズは直動形の03サイズ、05サイズとパイロット操作形の07から10までのサイズがあります。この取付面寸法はJIS B 8355の規格で決まっています。

要点BOX

- ●電磁弁はソレノイド弁とも呼ばれる
- ●ウエット形とドライ形の2種類がある
- ●直流用と交流用に分類

電磁弁の分類

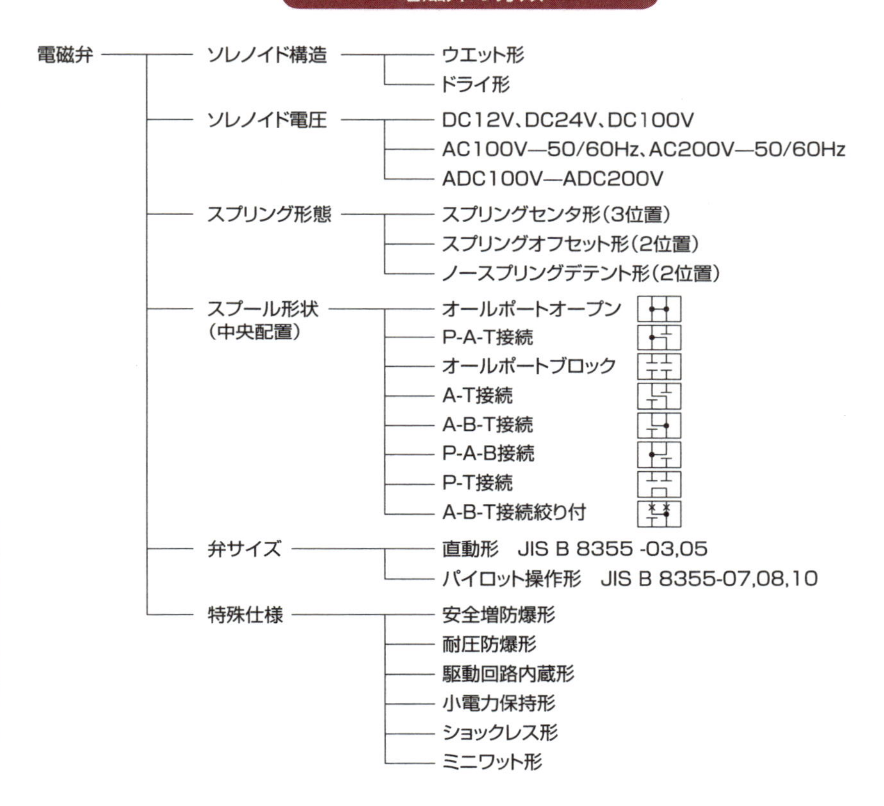

ウエット形電磁弁の構造

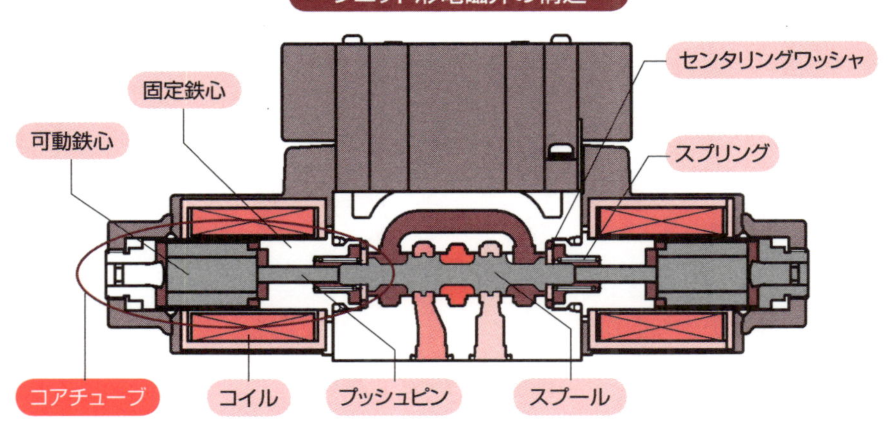

41 比例制御弁の仕組み

電子的に遠隔操作可能

比例制御弁とは、入力信号に比例した出力を作り出し、電子的手段により遠隔操作することができるバルブで、比例圧力制御弁、比例流量制御弁、比例方向制御弁があります。

一般に比例弁は、サーボ弁で使用されるフォースモータやトルクモータにかえ、比例ソレノイドを動作手段としています。

比例ソレノイドの構造は、ウエット形電磁弁の直流ソレノイドに非常に似ています。相違点は、可動鉄心、固定鉄心、コアチューブ組立の設計にあり、ソレノイドのストローク端まで、一定の力のスパンをより長く得るような形状にしています。

また、電磁力とコイル電流の関係は比例関係にあります（上図(c)）。このことは、バルブの作動ストローク内での可動鉄心の位置にかかわらず、電磁力はコイル電流だけで決まることを意味する重要な特性になります。

ソレノイドはスプリングに対抗してスプールを動かし、スプリングはたわみと力の関係が比例すると仮定すると、スプリングの特性は上図(d)に示されるように追記できます。このことから、ソレノイドに電流を供給すると、電磁力はスプリング力とバランスするまで（図のソレノイド曲線とスプリング特性の交点）スプールを動かします。

従って、ソレノイド電流を変化させることで、スプールをストロークに沿ってどこにでも位置決めすることができます。これが比例制御弁の動作原理です。

下図はリリーフ弁に比例ソレノイドを応用した例です。比例制御弁は主にオープンループ制御のバルブとして、リリーフ弁、減圧弁、流量調整弁、方向流量制御弁など多岐に応用されています。なお、高精度な比例制御弁ではスプールの位置センサを追加し、これをフィードバックして、流体力や摩擦力の影響をなくしています。

要点BOX
- ●電子的に操作する圧力、流量、方向の制御弁
- ●一般に比例ソレノイドが動作手段
- ●制御圧力、流量は電流値に比例

比例ソレノイドの特性

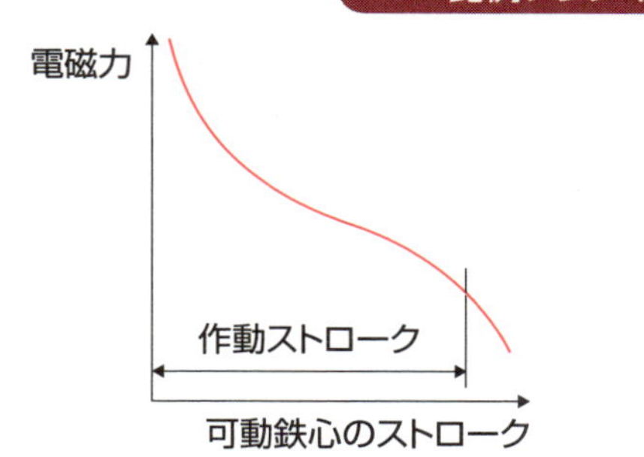

電磁弁直流ソレノイド(a)

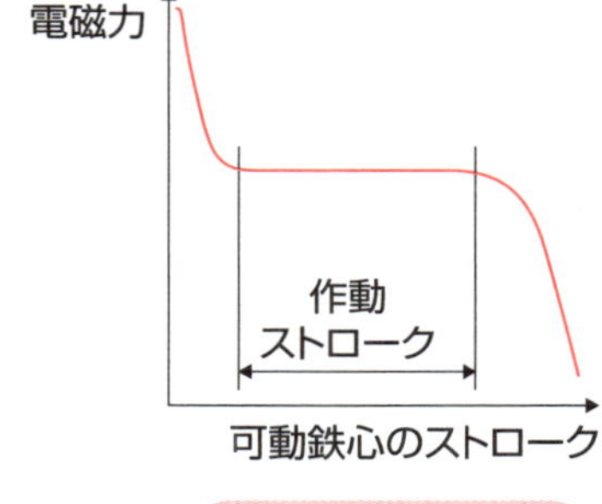

比例ソレノイド(b)

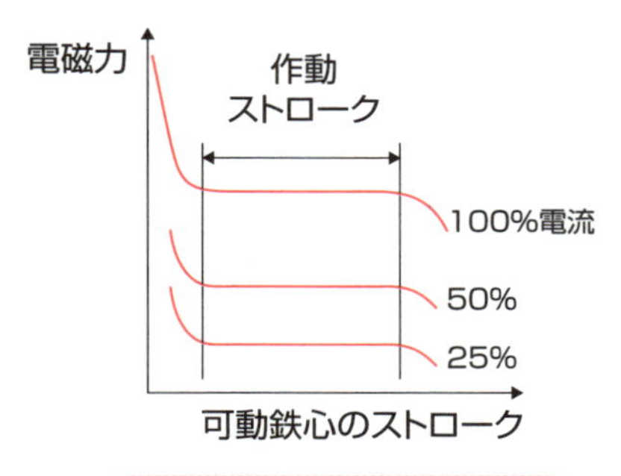

電磁力—コイル電流特性(c)

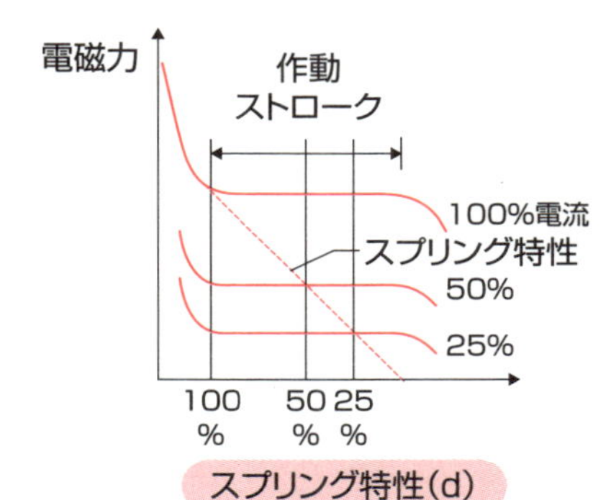

スプリング特性(d)

比例制御弁(リリーフ弁への応用例)

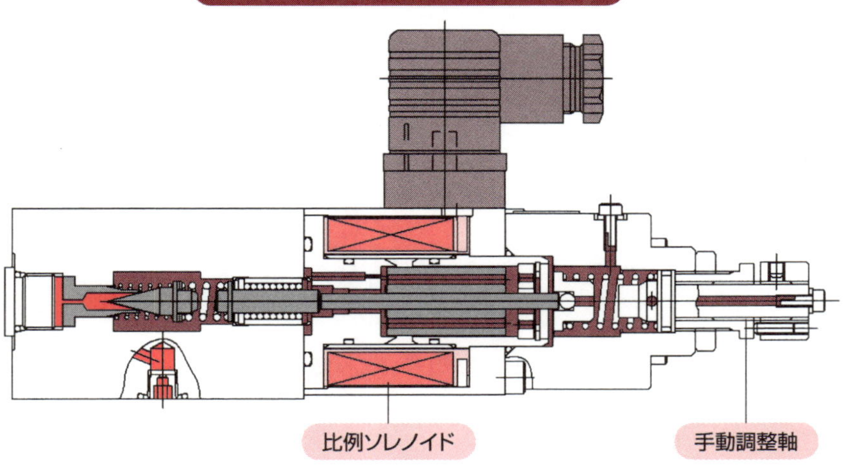

42 積層弁とカートリッジ弁、マルチ弁の構造と特徴

工作機械、建設機械など幅広い分野で利用されている

積層弁は、マニホールドベース上に機能の異なる各種バルブを積み重ねて使用するバルブと定義されています。直接積み重ねることによって油圧回路を構成するものですから、ポート配列、サイズ、締付ボルト穴のサイズ、ピッチ寸法は同一でなければなりません。これはJIS B 8355で規定されています。

積層弁は従来システムと比較して、次のような長所があります。

- ・スペースが大幅に縮小できる
- ・配管に起因する油漏れがない
- ・配管が不要なため工期が短縮できる
- ・回路変更が容易である

なお、積層弁は小容量のものが主体で、工作機械などでよく使われています。

カートリッジ弁には、ねじ込み式カートリッジ弁とスリップインカートリッジ弁の2種類があります。ねじ込み式は比較的小流量で、マニホールドブロック形状の自由度が高いことから建設機械向けに多く見られます。スリップインタイプは高圧、大流量の用途に向いており、大型設備システムによく使われています。

マルチプルコントロール弁は、切換弁を主体にリリーフ弁、ロードチェック弁、ポートリリーフ弁、アンチキャビテーション弁などを内蔵した、コンパクトな複合弁です。これは、一体鋳物に組み込んだモノブロック形（mono-block type）とタイロッドで締結し、所定の回路構成を行うスタック形の2種類があります。

マルチプルコントロール弁は配管工数、スペース重量の低減や操作場所の集約が図れることから、建設機械や車両機械に多く使われています。

なお、タイロッド形は「セクショナルタイプ切換弁」や「バンクタイプ切換弁」とも呼ばれています。

- ●積層弁は一般産業機械用で、積み重ね形
- ●カートリッジ弁はブロックに埋め込まれる
- ●マルチ弁は建機車両用でスタック形

積層弁

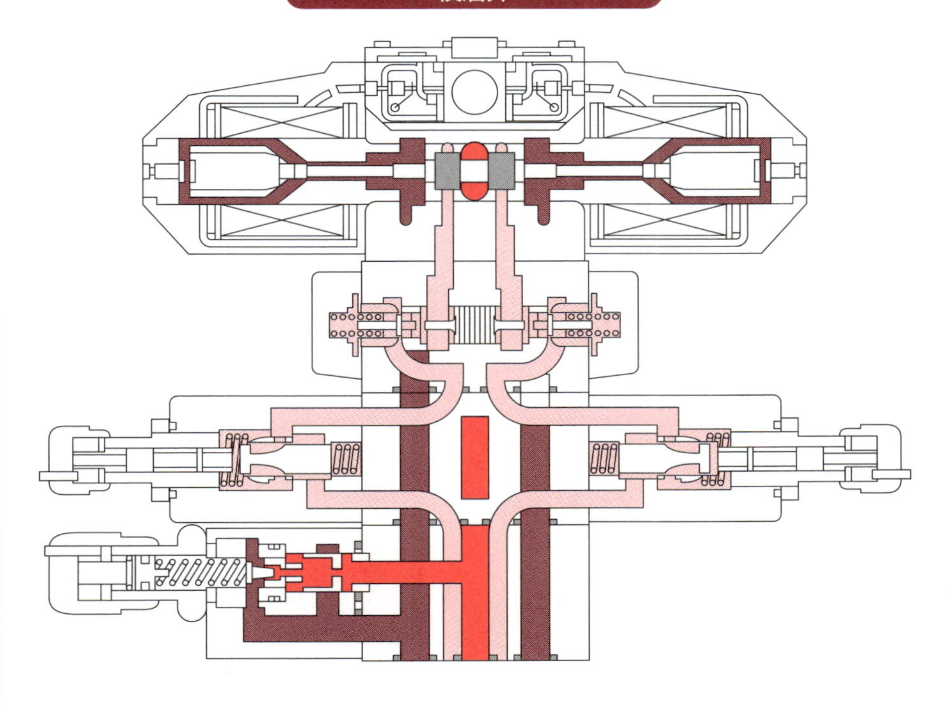

マルチプルコントロール弁

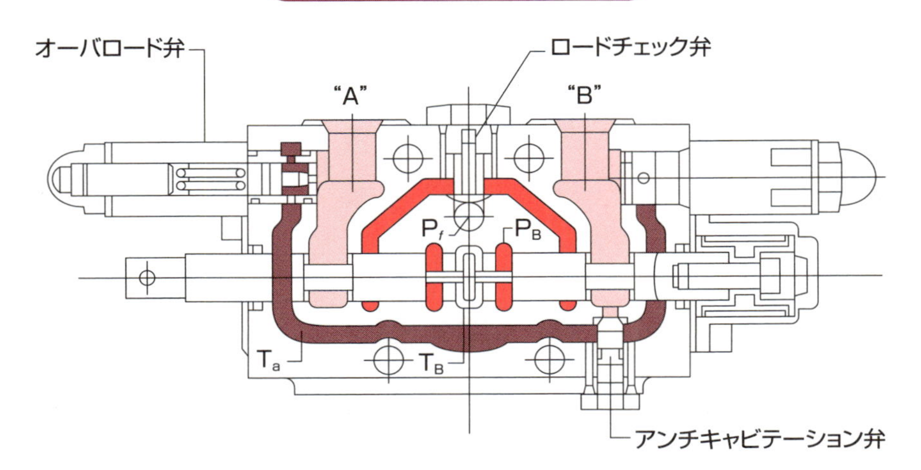

用語解説

モノブロック形：建設車両の特定機種用に回路機能をコンパクトな構造にまとめた、ボディー体型の専用弁。

43 サーボ弁の仕組みと特徴

電気油圧サーボ機構の中で最も重要

電気油圧サーボ機構は位置、速度、圧力などの制御量を電気信号に変換して、目標値との偏差を0にするように閉ループで制御するものです（上図）。この電気油圧サーボ機構の中で最も重要な機器がサーボ弁です。

サーボ弁は、入力電流に比例してスプールを動かして負荷を制御するため、入力電流に比例させるスプールの位置決め機構が必要になります。この位置決め機構にはさまざまな種類がありますが、ここでは最も汎用的な力フィードバック方式のサーボ弁を例に説明します。

電気ー変位変換部には、一般にトルクモータが使われます。トルクモータは永久磁石とコイルを巻いたアーマチュアからなっており、コイルを流れる電流に比例した電磁力によってアーマチュアを変位させます。

変位ー油圧変換増幅部は、一般にノズルフラッパ機構が使われます。ノズルフラッパ機構は、左右のノズルの中央にフラッパを配置した構造で、トルクモータによるフラッパの移動によって、ノズルの背圧が左右で異なり、この差圧による油圧力でスプールを移動させています。その際に、スプールはフラッパの先端に取り付けたフィードバックスプリングをたわませるので、フラッパは電磁力と逆方向に押し戻され、フラッパが二つのノズルの中心に戻った位置でスプールは平衡します。

このように、スプールはフィードバックスプリングによる力と入力の電磁力とがバランスしたところで位置決めされます。これが力フィードバック方式によるサーボ弁の作動原理です。

電気油圧サーボ機構の特徴は次のとおりです。①油圧アクチュエータは動力密度が大きく、小形で大出力が得られる。②油圧アクチュエータの慣性体は小さく、応答性が良い。③油圧にはダンパー機能があり、ショックの発生が小さい。

要点BOX

- ●サーボ弁はスプールを動かして負荷を制御
- ●スプールの位置決めは入力電流に比例
- ●油圧サーボ機構は小形、高応答、ショックレス

油圧サーボ系ブロック図

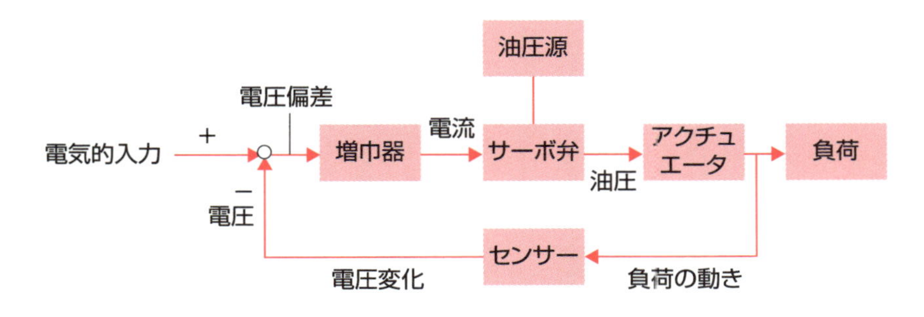

サーボ弁の分類

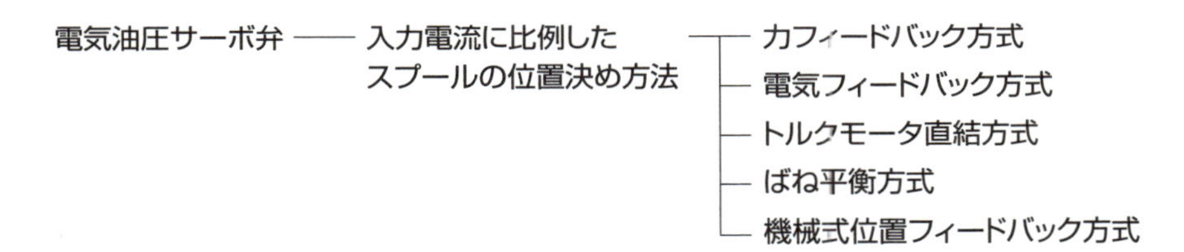

サーボ弁の機構

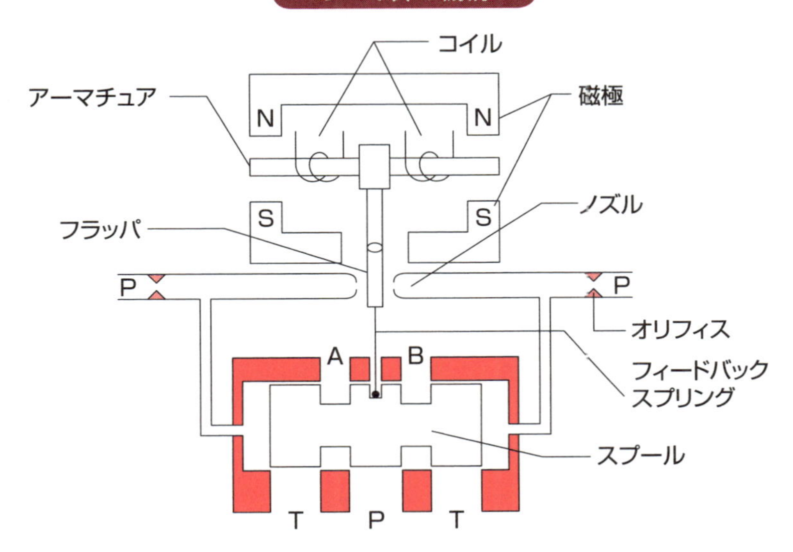

44 アキュムレータの構造と仕組み

油エネルギーを蓄積する圧力容器

アキュムレータは、液体のエネルギーを蓄える圧力容器です。その構造から重力式、ばね負荷ピストン式、気体式などに分類できます。現在は、ガスと油が混ざらない、応答が早く取り扱いが容易などの理由によって、ほとんどブラダ形を使用しています。

ブラダ形アキュムレータは、圧力による気体の圧縮性と液体の非圧縮性の性質を利用して、作動液の蓄積・吐き出しを行います。ブラダ形アキュムレータの構造は、本体とブラダ（窒素ガスと作動液を分離するゴム製の膜）、給気弁（窒素ガスの封入口）とポペットからなっています。

アキュムレータが作動する仕組みは次のとおりです。

(1)準備段階

窒素ガス封入時の状態です。ブラダが本体内面いっぱいに膨らみます。

(2)蓄圧時

作動液の圧力が窒素ガスの封入圧力より高くなると、窒素ガスが圧縮し、エネルギーが蓄積します。圧縮した体積分のエネルギーを蓄積します。

(3)圧油放出時

作動液の圧力が下がると、窒素ガスが膨張し、蓄積されたエネルギーを放出します。

これがアキュムレータの作動原理です。

アキュムレータは、油エネルギーを蓄積できるのが特徴です。最近は車両のブレーキエネルギーをアキュムレータに蓄積し、加速時にこれを使用してエンジン出力をアシストするなど行われています。

この他、油圧ポンプの小形化やアクチュエータの増速に使われます。また、油圧ポンプから発生する圧力脈動を減衰して振動・騒音を下げたり、油圧管路内の急激な流れに伴い発生する衝撃圧力の吸収にも使われます。

要点BOX

- ●最近はブラダ形アキュムレータが多い
- ●瞬間的に大きなパワーを発揮
- ●圧力脈動や衝撃圧力の吸収に効果的

アキュムレータの分類

アキュムレータ ── 気体式 ── ブラダ形 / ダイヤフラム形 / ピストン形
アキュムレータ ── 重力式
アキュムレータ ── ばね負荷ピストン式

(1)　　(2)　　(3)

$$P_1V_1^n = P_3V_3^n = P_2V_2^n$$ ── アキュムレータの状態方程式

(1)窒素ガス封入時

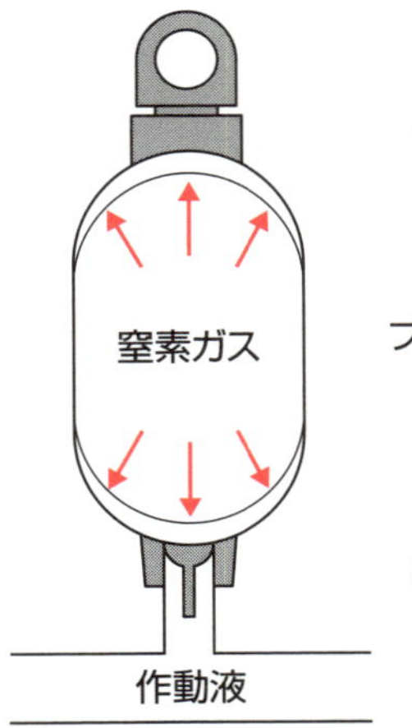

(2)蓄圧時

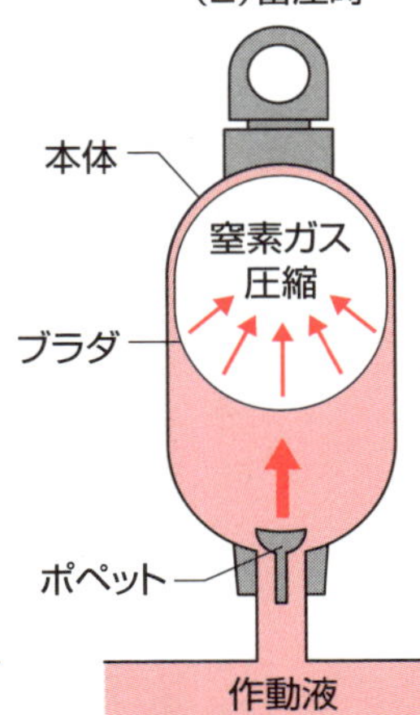

(3)圧油放出時

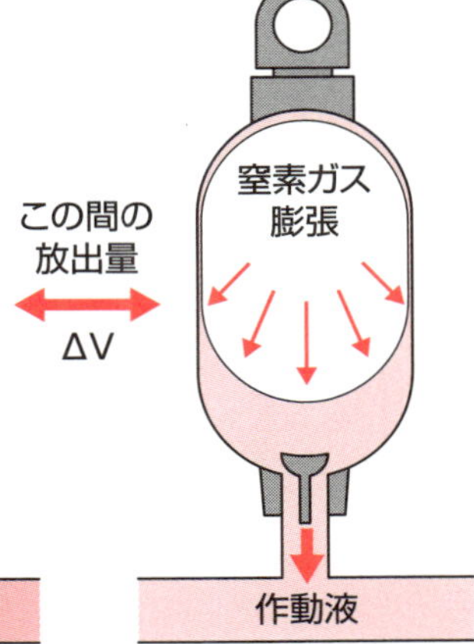

$$\Delta V = \frac{V_1 \cdot P_1^{\frac{1}{n}}(P_3^{\frac{1}{n}} - P_2^{\frac{1}{n}})}{(P_2 \cdot P_3)^{\frac{1}{n}}}$$

ここに

- ΔV　：アキュムレータの吐出量(L
- V_1　：アキュムレータの容量(L)
- V_2　：P_2時のガス容積(L)
- V_3　：P_3時のガス容積(L)
- P_1　：ガス封入圧力(MPa)
- P_2　：最低作動圧力(MPa)
- P_3　：最高作動圧力(MPa)
- n　：ポリトロープ指数

45 アクチュエータの分類と特性

流体エネルギーを機械的エネルギーに変換

アクチュエータは、流体エネルギーを機械的エネルギーに変換するもので、連続的な回転運動に変換する油圧モータ、一定回転角度に往復運動させる揺動形アクチュエータおよび直線の往復運動に変換するシリンダの3種類に分類されます。

各種油圧モータの性能比較を表に示します。回転運動用の油圧モータは大半がピストンモータであり、アキシアル形とラジアル形の2種類があります。ピストンモータの作動原理はピストンポンプの逆であり、同じ構造で動作ができます。

アキシアルピストン形モータは、高速回転から低速回転まで使われますが、一般に低速用には減速機を組み込んでいます。

ラジアルピストン形モータは、すべて低速用で高トルクを出力するもので、偏心形と多行程形の2種類があります。

直線運動用の油圧シリンダは、あらゆる市場で使われている唯一の油圧機器といえ、さまざまな種類があります。

(1) 作動形式による分類

単動形（ピストンの片側に油圧が掛かるもの）と複動形（ピストンの両側に油圧が掛かるもの）があり、いずれも片ロッド形、両ロッド形およびテレスコープ形（多段シリンダ）があります。

(2) 取付け形式による分類

軸心固定形と軸心揺動形の2種類があります。。それぞれ取り付け方法がありますが、これはJIS B 8367で規定しています。

その他、チューブ内径とロッド径、ピストンストローク、ロッド先端形状などはJIS B 8366で規定しています。

揺動形アクチュエータのベーン形は比較的小出力に適しますが、揺動角度に制限あり、ピストン形はラックピニオンなどで軸の揺動に変換しています。

要点BOX

- ●アクチュエータは変換する運動によって分類
- ●油圧モータはピストンモータが大半を占める
- ●作動形式と取付形式によってシリンダを分類

アクチュエータの分類

- アクチュエータ
  - 油圧モータ（回転運動用）
    - ギヤモータ（外接形、内接形）
    - ベーンモータ（平衡形）
    - アキシアルピストンモータ（斜軸式、斜板式）
    - ラジアルピストンモータ（偏心形、多行程形）
  - シリンダ（直線運動用）
    - 単動シリンダ
      - ピストン形
      - ラム形
    - 複動シリンダ
      - 片ロッド形
      - 両ロッド形
    - 多段シリンダ
      - テレスコープ形
  - 揺動形アクチュエータ（揺動運動用）
    - ベーン形
    - ピストン形

油圧モータの性能比較

	形式	押しのけ容積（cm^3/rev）	最高回転速度（min^{-1}）	定格トルク（N·m）	定格圧力（Mpa）	全効率（%）
ベーンモータ	平衡形	40～200 300～12400	2600 400～75	100～450 660～28000	15.7 14	65～80 60～80
ピストンモータ	アキシアル形	60～800	2400～1200	300～3700	25 ～31.5	88～95
	ラジアル形	500～12000	400～70	1800～45000	21	85～92
ギヤモータ	外接形	10～200	3000～2300	35～450	21～14	75～85
	内接形	8～940	2000～180	16～2700	14～21	60～80

46 油圧モータの仕組みと特徴

油圧ポンプとは作動特性が大いに異なる

油圧モータは、油圧ポンプの逆の機能を持つために構造は大差がありません。しかし、油圧ポンプと油圧モータの作動特性には大きな差異があります。表に作動特性の違いを示します。

油圧ポンプの回転方向や回転速度は変わらないのが通常ですが、油圧モータの場合には停止状態から加速・減速とゼロから最大速度まで変わるのが一般的です。このため、軸に受ける外力の状況や、その他、衝撃圧力や負圧になる可能性などを事前に確認しなければなりません。

また、油圧ポンプは外気に触れることが少なく、温度差の影響はほとんどありません。しかし、油圧モータを屋外設置する場合には、起動時のモータ本体温度は外気温度とほぼ同じであり、高温の作動油が流れ込むと著しく大きな温度差が生じ、場合によっては熱膨張によるサーマルショックを受けることもあります。従って、設置環境条件も確認しなければなりません。

次にラジアルピストンモータを例に説明します。

(1) 偏心形ラジアルピストンモータ

一般に「星形モータ」と呼ばれるもので、作動原理を図に示します。このモータの出力軸は中央部に偏心した球状のカム部を持ちます。5本のシリンダの中に、一端を球形カム面に接してピストンが挿入されています。

シリンダに圧油が導かれると、ピストンが出力軸に対して、カムの偏心方向にトルクを発生します。各シリンダへはロータリ分配弁によって、圧油が給排され、連続した動きが得られます。

(2) 多行程形ラジアルピストンモータ

このモータの特徴はハウジング内に所定の背圧をかけ、同時にメイン回路の圧力を抜くことによってフリーホイールが可能で、またピストンが対抗しているので軸受に掛かるラジアル荷重は0です。

要点BOX

- ●油圧ポンプと油圧モータの構造は似ている
- ●油圧モータは使用条件が厳しい
- ●ロータリ分配弁は出力軸と同期して回転

油圧ポンプと油圧モータの作動特性の違い

	油圧ポンプ	油圧モータ
機能	回転動力→油圧動力 容積効率が重視される モータ作用はまれ	油圧動力→機械回転動力 トルク効率が重視される ポンプ作用あり（ブレーキ動作）
回転方向	変わらず	両方向
回転速度	一定が普通	広範囲な回転速度 停止状態で高圧を受けることがある
運転油温	ポンプ本体と油温との差は少ない 油温度変化は緩慢	著しい差で運転されることがある （サーマルショックの問題あり）
軸に対する外力	ない	プーリ、スプロケット、歯車などから外力を受ける

偏心形ラジアルピストンモータの作動原理

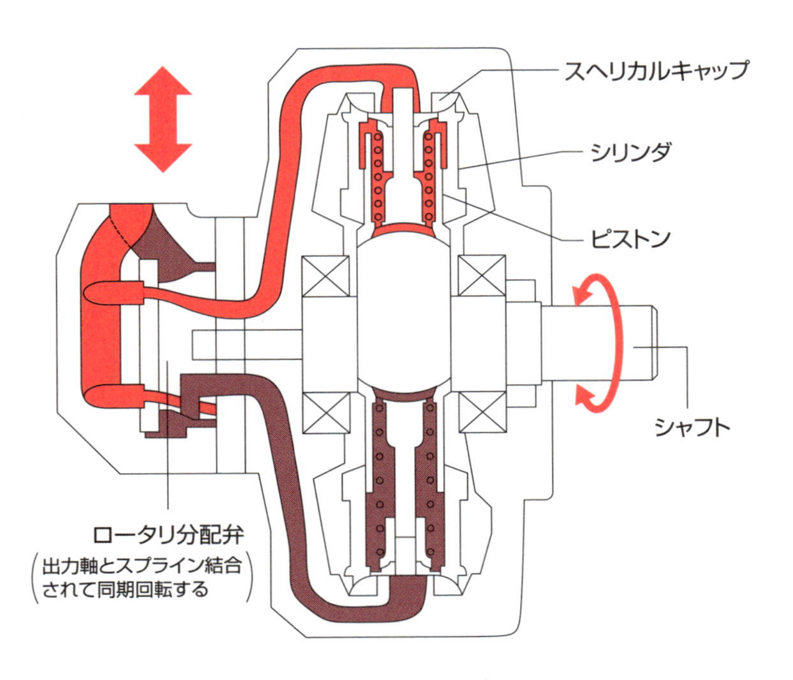

47 シリンダの構造と仕組み

手足を動かす筋肉に相当する機構

シリンダは、人間に例えると手足を動かす筋肉に相当しますが、構造はシンプルです。

上図は最も標準的なタイロッド方式を示しています。シリンダチューブとカバーとの組立方法はこの他にフランジ方式、溶接方式およびねじ込み方式があります。

シリンダは、図に示すようにシリンダチューブ、ピストン、ピストンロッド、カバー、ブシュ、パッキンで構成され、これにクッション機構、空気抜きやダストワイパなどがつきます。

ピストンは、チューブ内面を移動しながら流体エネルギーを運動エネルギーに変換する働きをしています。従って、ピストンは軸受性能がよく、変形しにくく、横荷重にも耐える構造と材質にします。

ピストンロッドは、ピストンで得た直線運動を負荷へ伝える部品で、周囲の環境にさらされるため、一般に耐摩耗性・耐食性を向上させる硬質クロムメッキをします。

パッキンには、ロッドパッキンとピストンパッキンがあり、油漏れ防止の重要な役割を担っています。

パッキンには作動油との適合性や、形状・材料による最高許容圧力、許容ピストン速度などがあります。そのため、使用するパッキンは、作動油、温度、圧力、速度などの使用条件を考慮して選定する必要があります（旧JIS B 8367:1999参照）。

クッション機構は、クッションリングと絞り弁・チェック弁からなります。ピストンロッドが行程の終端に近づくと、クッションリングが穴Aをふさぎ、この油路は閉ざされ、油は絞り弁Bだけを通るため、ピストンの背圧が増大してピストンの移動速度を低下させます。また、チェック弁は逆進時に油を補給させるために設けています。このクッション機構で止められるのは6～15m／min程度で、これを超えると外部に絞り弁を設ける必要があります。

要点BOX
- ●シリンダの構造はシンプル
- ●ピストンやロッド、パッキンなどで構成
- ●ピストンの移動を減速させるクッション機構

油圧シリンダの構造

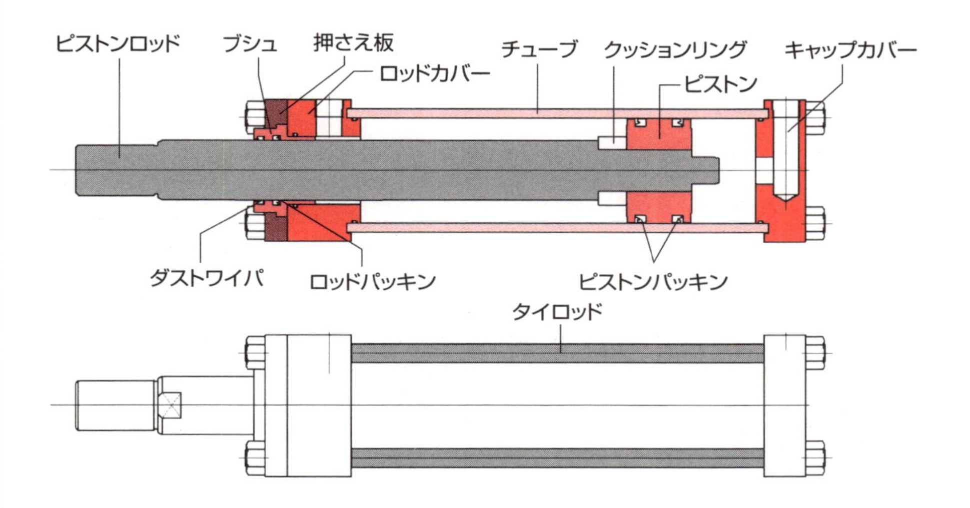

シリンダのクッション機能

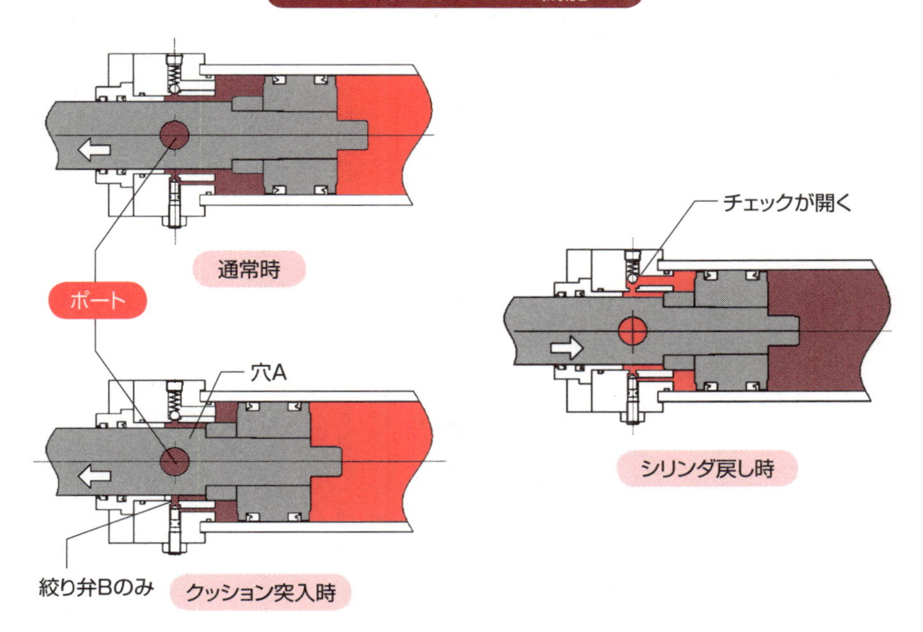

Column

ISO規格化に先行する日本の取り組み

油空圧機器およびシステムに関わる国際規格はISO/TC131の技術委員会で作成していますが、このISO国際規格の扱いが大きく変わったのは1995年からです。この年に「WTO/TBT協定」が発効しています。

この協定は、貿易障害を取り除くために各国の国家規格の壁を取り払うことを目指したものです。そして各国は、自国の国家規格を制定する際に国際規格を用いることが義務付けられました。

日本は日本フルードパワー工業会が1996年から対応しています。

私も1997年からISO会議に出席し、ISO規格の作成に携わってきました。私が担当するのは基礎の分野で図記号、回路図、用語、呼び圧力および油空圧システムの安全規則です。

なお、ISO/TC131は次に示す分科委員会（SC）に分け、それぞれの委員会には下部組織としてテーマごとに作業部会（WG）を設けて運営しています。

SC1：図記号、回路図、用語など
SC2：ポンプモータ分科委員会
SC3：シリンダ分科委員会。附属金具寸法や取付寸法など
SC4：接続及び結合部分分科委員会。継手、フランジ、急速継手及びゴムホースなど
SC5：制御用要素機器分科委員会。空圧機器の流量特性試験方法など
SC6：汚染管理分科委員会。作動油の汚染分析、フィルタの疲労特性試験など
SC7：シール分科委員会。シール溝寸法、Oリングの設計基準など。現在、唯一日本が幹事国として進めている委員会
SC8：要素機器の試験分科委員会。騒音測定や機器の試験方法など
SC9：装置及びシステム分科委員会。油空圧システムの安全規則など

ISO規格の対応では、世界的なネットワークの構築と普段から情報を交換するなど、採決する投票時に自国に有利になる働きかけが重要です。

第5章

基本回路を知ろう

48 油圧回路とは？

図記号を使って油圧制御システムを表す

油圧回路とは、油圧システムおよび油圧機器の機能を表す図記号を用いて油圧制御システムを表現したものです。

JIS B 0125-2 パート2は回路図作成のルールを規定しています。この規格に基づいて作成した回路図の例を図に示します。一般に回路図には油圧機器の型式と油路のつながりのほかに、以下の内容の表記が求められます。

a. 油圧ポンプの可変容量の方式と回転速度、回転方向、吐出流量
b. 油圧ポンプ駆動源の種類と大きさ
c. 圧力制御の方法と設定圧力
d. 流量制御の方法と設定値
e. 方向切換の方法
f. アクチュエータの種類と大きさ、制御速度
g. 油タンクの大きさおよび作動油の冷却方法など

また、作動油の清浄度管理などに関する次のh～nの項目も表記するよう求めています。

h. 使用する作動油の種類と粘度特性
i. 使用可能な油タンク内作動油の最大油量と最小油量
j. レベルスイッチで設定する作動油の警報油量と最小油量
k. サーモスタットで設定する作動油の警報温度と最高温度
l. ストレーナのろ過精度（μm表示）
m. フィルタのろ過精度（β値での表示）および目詰まり表示圧力とバイパス弁のクラッキング圧力
n. エアブリーザのろ過精度（μm表示）

このように油圧回路は、油圧制御システムの機能を表すもので、油圧装置の製造部署から、運転部署や保全部署に至るすべての人にとって、油圧システムの仕様書としての役割を果たしています。

要点BOX
●回路図の作成にはルールがある
●油圧ポンプの仕様を表記する
●圧力、流量の設定値を表記する

JIS規格に基づいて作成した回路図の例

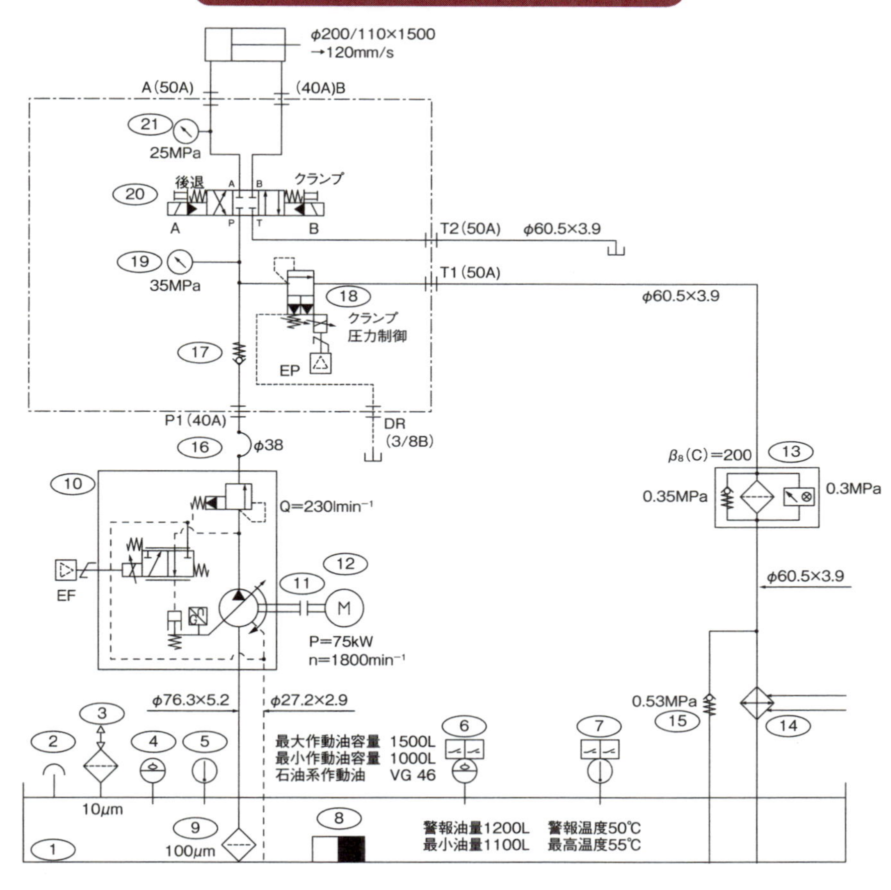

ポンプ特性

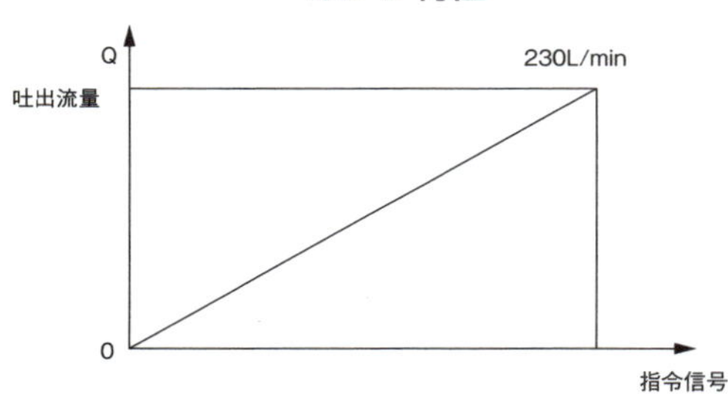

用語解説

クラッキング圧力：弁が開き始める圧力で、ある一定の流量が認められるなどの条件を満たす圧力。

49 図記号とは？

油圧システムと油圧機器の機能を表す

図記号とは、油圧回路を表現する最も重要で便利なツールです。この図記号を用いることによって、油圧回路を容易に表現することができます。構造を表すものではなく、油圧システムおよび油圧機器の機能を表すものとして、JIS B 0125-1 パート1で規定されています。

この規格はCADで書くことを前提に、基本記号およびその組み合せの規則を決めています。基本記号には流路の種類、流路の接続、流れの方向、回転方向やその他、ばねなどの機械要素、ソレノイドやレバーなどの制御要素などがあります。

また、一般規則では次のルールを決めています。

a. 機器の図記号は、その機器の非通電状態（または休止状態）を表す

b. 当該機器に附属するすべての接続口(例えば、P、T、A、B、パイロットポート、ドレンポートなど）を表す

c. 図記号を左右反転または90度回転させても意味は変わらない

d. 二つ以上の主要な機能を持ち、それらが相互に接続している場合は、その機器の図記号全体を実線で囲む

e. 二つ以上の機器が一体のアセンブリとして組み立てられている場合は、一点鎖線で囲む

また、この規格の中には各種油圧ポンプ・モータ、制御弁、シリンダ、アクセサリなどの図記号の用例を載せています。その中で日常よく使われるものを図に示します。

大きな円はエネルギーの変換器となる油圧ポンプと油圧モータを示し、円の中の黒三角形は油エネルギーの流れの方向を意味しています。制御弁は四角形を用い、それに機能をプラスしています。矢印は流れの向きを示しています。電磁弁は四角形を三つ並べて油路の切換状態を示しています。

要点BOX
- ●図記号は回路図を表す便利なツール
- ●図記号を使うと回路図が容易に書ける
- ●図記号の作成にはルールがある

図記号が表現する油圧の機能

◉油の流れる方向

◉操作の方法（マニアル方式、パイロット油圧方式、ばね力、電磁力など）

◉回転方向

主な図記号の種類

定容量形ポンプ

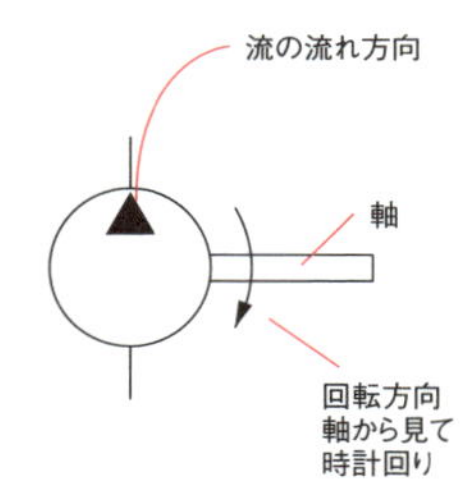

圧力制御弁（リリーフ弁）

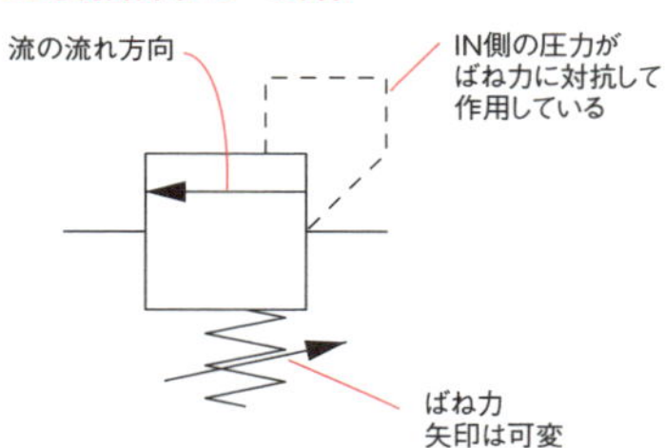

シリンダ（片ロッドシリンダ）

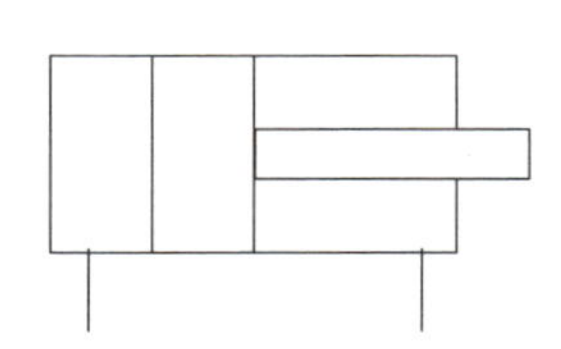

可変容量形ポンプ

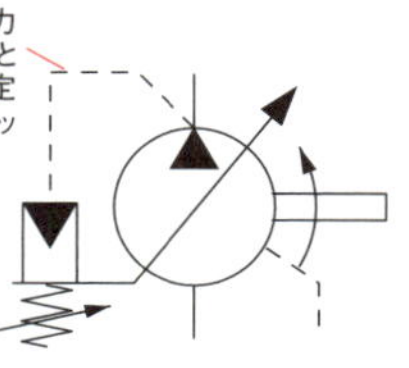

流量制御弁（流量調整弁）

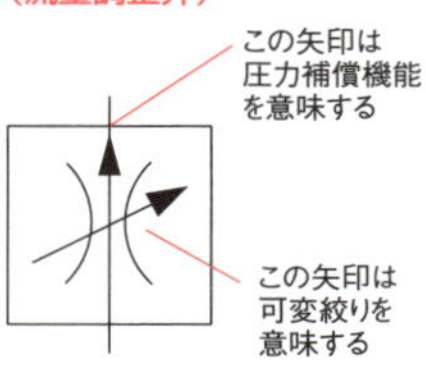

油圧モータ

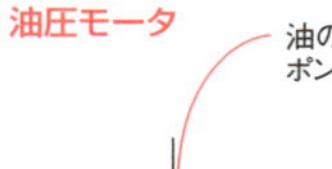

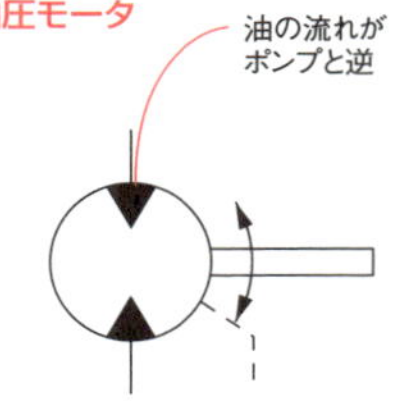

チェック弁

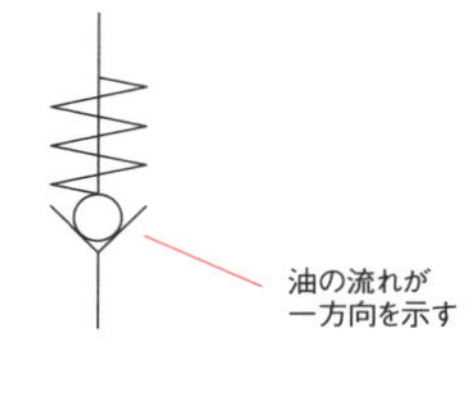

方向制御弁（電磁弁）

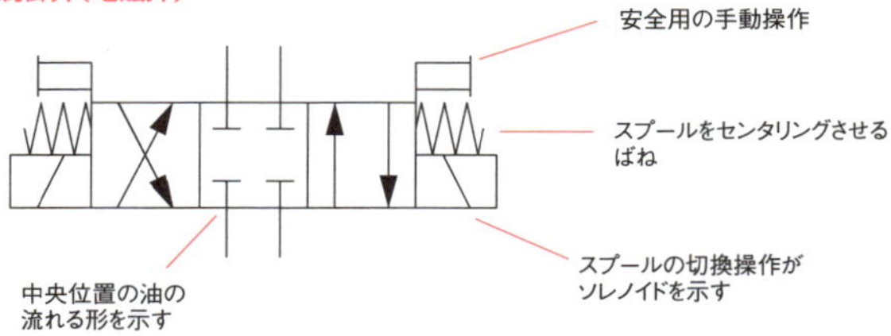

50 基本油圧回路の種類と分類

基本回路の理解が
油圧の理解

油圧回路は、同じ機械でもアクチュエータの使用条件が異なることによって、油圧ポンプの種類や制御方式が異なったりして、どれも同じものはなく、大変複雑そうに見えます。しかし、共通しているのはすべて流体エネルギーの圧力、流量の大きさ、流れの向きをコントロールし、アクチュエータの直線運動または回転運動を得ていることです。

従って、この油圧回路を機能的に分けると、どの機械も同じような機能の油圧回路の組み合わせで構成されています。一般にこの基本的な機能の油圧回路を「基本回路」と呼んでいます。この基本回路の特性を理解することが、「油圧」を理解する一歩となります。

基本回路の主な特徴と分類を示します。この基本回路は、次のように分類したものです。

a．アンロード回路
・仕事をしない時に、ポンプ吐出油を最小圧力で油タンクに戻す回路

b．圧力制御回路
・ポンプ吐出側の圧力制御に関わる回路
・アクチュエータの背圧制御に関わる回路
・油の圧縮性に関わる回路

c．速度制御回路
・流量調整弁による速度制御回路
・その他の油圧機器による速度制御回路

d．油圧閉回路
・アクチュエータの戻り油をポンプの吸込口に直接接続する制御回路

e．省エネルギー回路
・油圧回路効率の改善を目的とする回路

f．アキュムレータ回路
・非圧縮性の油圧システムに、圧縮性のガスを利用した制御回路

要点BOX
●油圧回路は基本回路の組み合わせで成り立つ
●基本回路を機能で分類する
●基本回路特性の理解が応用に役立つ

基本回路の主な種類と分類

●アンロード回路
- タンデム形切換弁による回路
- リリーフ弁ベントアンロード回路
- High-low回路
- 可変ポンプのカットオフアンロード回路

●圧力制御回路
- 調圧回路（比例リリーフ弁、可変ポンプPCコンペン）
- 減圧回路、シーケンス弁順序回路
- カウンターバランス回路、反転負荷回路、バランサー回路
- 増圧回路、圧抜回路、油圧モータのブレーキ回路

●速度制御回路
- メータイン制御、メータアウト制御、ブリードオフ制御
- 差動回路（SOL弁方式、シーケンス弁+チェック弁方式）
- 減速回路（デセラ弁）
- 同期速度制御（フロコン方式、分流弁方式、油圧モータ方式）

●油圧閉回路

●省エネルギー回路
- 圧力マッチ制御、流量マッチ制御、ロードセンシング制御
- 可変容量形ポンプによる電気ダイレク方式のPQ制御
- 定容量形ポンプの回転速度制御

●アキュームレータ回路
- 動力補償
- 脈動吸収
- 衝撃緩衝

用語解説

差動回路：シリンダから排出した液体をタンクに戻さず、シリンダの入口側に流出させ、シリンダの前進速度を増加させる回路。再生回路ともいう。

51 アンロード回路

ポンプ吐出油を最小圧力で油タンクに戻す回路

JIS B 0142では、アンロード回路のことを油圧回路への供給が必要でない場合に、ポンプ吐出量を最小圧力で油タンクに戻す回路と定義しています。ここでは定容量ポンプシステムをパイロット圧力によって自動的にアンロード状態に切り換えるHigh－low回路方式をできるだけ詳細に説明します。

上図は図記号を用いてHigh－low回路を示したものです。下図は同じ回路を油の流れが理解しやすいようにバルブの内部構造を用いて表したものです。しかし、通常はこの手法は用いず、図記号によって表現する回路図を用いています。

リリーフ弁設定圧14 MPa、アンロード弁設定圧5 MPaと仮定します。運転圧力が5 MPaよりも低い時は両方のバルブは閉じ、小容量ポンプの油はリリーフ弁を素通りしてアクチュエータ側へ流れます。

大容量ポンプの油はアンロード弁とチェック弁を通り、小容量ポンプの油と合流します。

下図は運転圧力が上昇し5 MPaを超え14 MPa以下の状態を示したものです。リリーフ弁は全閉のままで、アンロード弁はパイロット圧力により小ピストンがスプールを押して、1次側と2次側の油路を開きます。従って、小容量ポンプの油はリリーフ弁を素通りしてアクチュエータ側へ流れ続けます。

大容量ポンプの油はアンロード弁の2次側ポートから低圧で直接タンクに戻されます。この間、チェック弁は小容量ポンプの圧油がタンクへ逆流するのを防いでいます。

運転圧力がもっと上昇すると、小容量ポンプの油はリリーフ弁から逃げて14 MPaを超えないようにコントロールされます。この例はアクチュエータが低圧大流量、高圧小流量を必要とするときの基本的なアンロード回路です。

要点BOX

- ●High－low回路はアンロード回路の代表例
- ●直動形圧力制御弁でアンロード機能を得る
- ●パイロット形リリーフ弁でリリーフ機能を得る

図記号を使ったアンロード回路(High-low回路)例

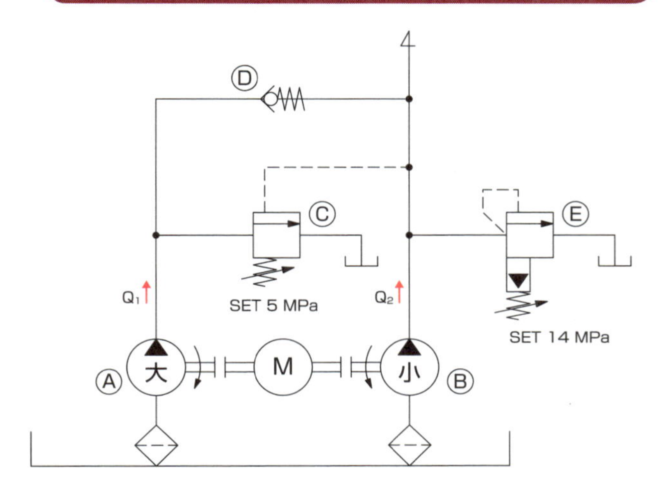

同上回路をバルブの内部構成を用いて表示(大ポンプがアンロード状態)

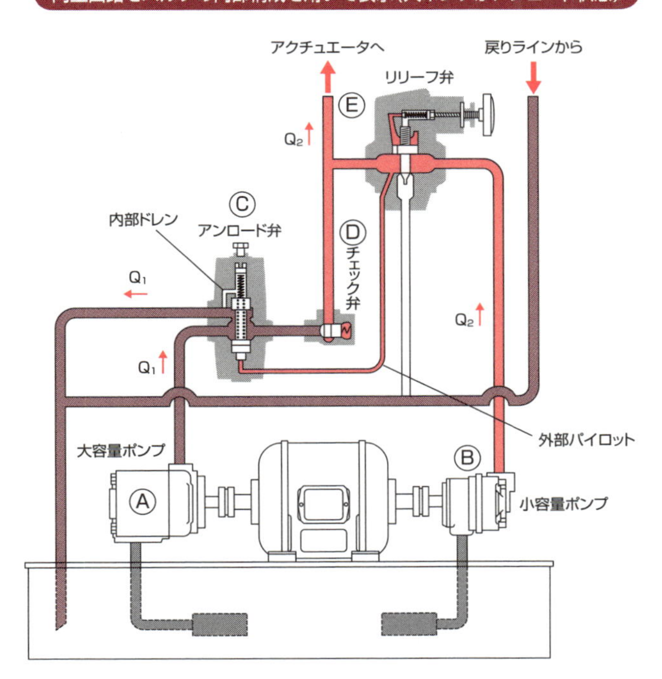

52 圧力制御回路（1）

リリーフ弁のベント圧制御は多段圧力制御の基本

最初は、定容量形ポンプシステムにおいてリリーフ弁のベントポート（遠隔制御用ポートの意味です）を利用し、油圧ポンプの吐出圧力を3段階に制御する例をできるだけ詳細に説明します。

上図は図記号を用いてベントアンロード回路を示したものです。下図は同じ回路を油の流れが理解しやすいように、バルブの内部構造を用いて表したものです。

定容量形ポンプの吐出ラインに圧力制御用のリリーフ弁を設け、リリーフ弁のベントポートにはこの部分の圧力を切り換えるための電磁弁と遠隔操作用リリーフ弁を接続しています。

下図は電磁弁が非励磁状態で電磁弁スプールは中央位置にあり、バルブ内部でPポートとTポートがつながっています。この時、ベントポートの圧力はほぼ0です。これはリリーフ弁本体の圧力調整ハンドルを完全に緩めた状態と同じことであり、リリーフ弁の制御圧力は最低圧になります。この状態を「リリーフ弁のベントアンロード」と呼んでいます。従って、この状態ではポンプの油は低圧のままリリーフ弁から直接タンクに戻っています。

電磁弁のbソレノイドを励磁した状態では、リリーフ弁のベントポートは電磁弁のPポート、Bポートを経由して遠隔制御用リリーフ弁につながります。この状態ではリリーフ弁本体の圧力調整ハンドルを中圧に調整するのと同じことで、リリーフ弁の制御圧力は5 MPaになります。

電磁弁のaソレノイドを励磁した状態ではPポートはAポートにつながり、Aポートが閉止しているのでリリーフ弁のベントポートは遮断されます。そのため、この状態はリリーフ弁単体での回路と同じで、リリーフ弁の制御圧力は14 MPaになります。この回路はリリーフ弁の多段制御が自動的にできます。

要点BOX

- ●リリーフ弁の遠隔操作による圧力制御
- ●電磁弁切り換えによる多段圧力制御
- ●直動形リリーフのリモコンリリーフ弁を使用

図記号を使ったベントアンロード回路例

中圧
Ⓔ
SET 5 MPa
Ⓓ
A
B
b ソレノイド
a ソレノイド
中圧
P
T
高圧
リリーフ弁
SET 14 MPa
高圧
Ⓒ
Ⓑ
M
Ⓐ

同上回路をバルブの内部構造を用いて表示(電磁弁が非励磁状態)

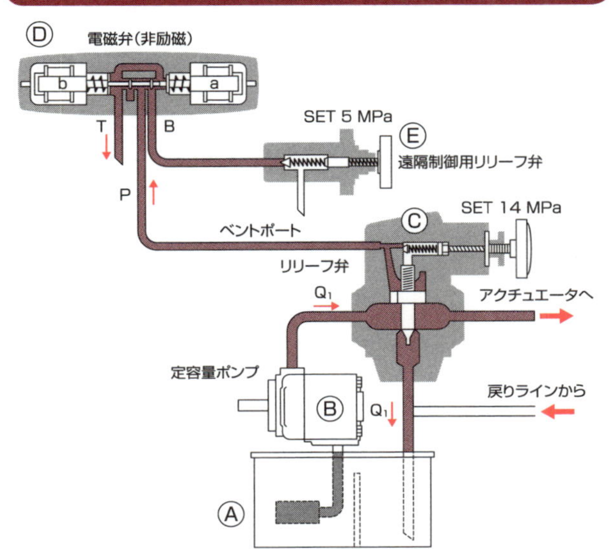

53 圧力制御回路（2）

縦型シリンダに背圧を掛ける基本回路

次は、重力負荷を有する縦型シリンダを操作する場合の基本回路を説明します。

油圧システムは次のとおりです。

定容量形ポンプに安全弁のリリーフ弁と方向切換用の電磁弁を設けています。また、重力による落下防止のためにシリンダに背圧を発生させる目的のカウンターバランス弁を設けたものです。カウンターバランス弁は流体力の影響を小さくするためにパイロット形ではなく、直動形圧力制御弁を用います。

油の流れを理解しやすいように自重負荷圧は5 MPa、各バルブの設定圧は図どおりで、シリンダの面積比は1対2と仮定します。

上昇時のポンプの油はカウンターバランス弁に内蔵されているチェック弁を通りシリンダを引き上げるために、シリンダロッド側圧力もポンプ吐出圧力も同じ5 MPaとなります。

上図はシリンダを中間位置に停止させる状態です。自重発生圧5 MPaに対して、カウンターバランス弁のばね力は7 MPa相当に調整されています。自重圧は小ピストンに作用し、ばね力に対抗するスプールを押しますが、ばね力が勝り1次側と2次側の油路は遮断されています。

下図は下降動作の状態です。

シリンダピストンは負荷により5 MPa相当で引っ張られる力を受けています。一方、カウンターバランス弁は7 MPaの背圧を小ピストンに受けてスプールを開くように調整されています。

また、シリンダの面積比は1対2で作用・反作用の関係から、キャップ側を押す圧力の2倍の圧力がロッド側に発生します。

従って、この回路は落下を防止する7 MPaのシリンダ背圧を発生するのに、キャップ側の圧力は1 MPaでバランスし、ポンプの吐出圧力は1 MPaをキープしたまま下降動作を行います。

要点BOX

- ●背圧制御には直動形圧力制御弁を使う
- ●一方向の負荷には内部パイロット形のカウンターバランス弁を使う

縦型シリンダの中間停止動作

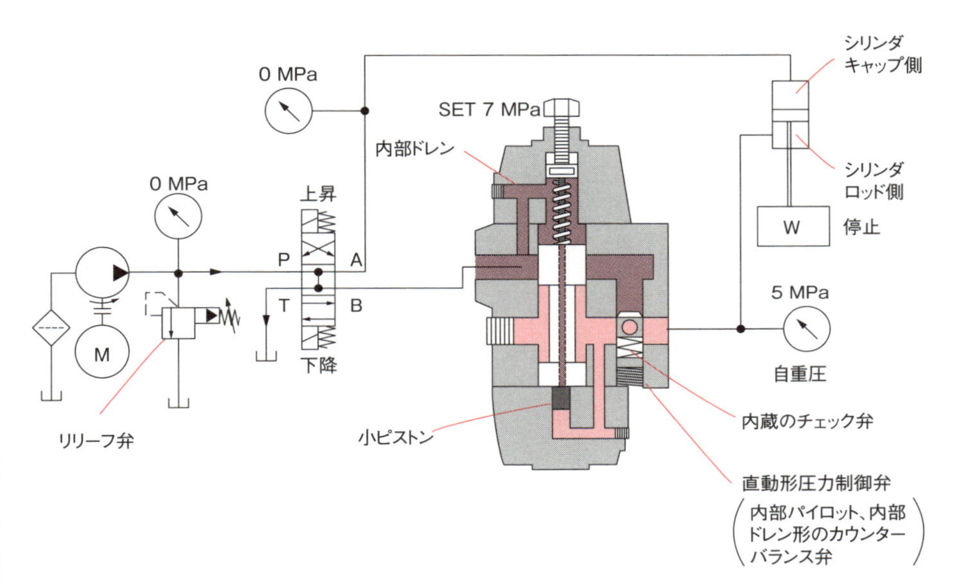

縦型シリンダの下降停止動作

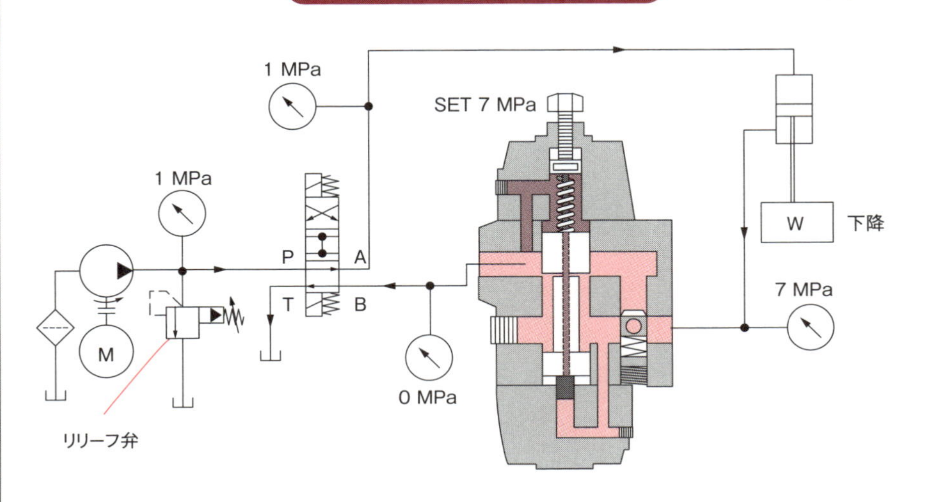

54 圧力制御回路（3）

反転負荷に背圧を掛ける基本回路

プラスの正負荷とマイナスの負負荷およびブレーキ動作における基本回路を説明します。

53項と異なり、反転負荷の場合には正負荷時のポンプ圧力を下げ、エネルギー損失を小さくするために外部パイロットと内部パイロットを併用したカウンターバランス弁を使用します。

外部パイロットは油圧モータのＩＮ側の圧力をスプール端の全面に作用させ、内部パイロットは油圧モータのＯＵＴ側の圧力を小ピストンに作用させます。また、負負荷の大きさは４MPa相当、設定圧力は6MPa、小ピストンとスプールの面積比は1対8と仮定します。

下図は油圧モータが正負荷で動作している状態を示しています。この時は外部パイロット圧力でスプールを全開とし、油圧モータの背圧を０にします。ポンプ圧力は正負荷の大きさで決まりますが、0・75MPa以上の圧力でスプールは開きます。

油圧モータが負負荷を受ける状態になると、この負負荷は油圧モータを回転させる駆動力の一部として作用します。その結果、油圧モータのＩＮ側の圧力は減圧し、スプールは絞られて油圧モータのＯＵＴ側に６MPaの背圧が発生します。

この時の油圧モータのＩＮ側の圧力は、設定圧の６MPaから外力の４MPaを引いた２MPaの圧力が小ピストンに作用するばね力とバランスするため、２MPaを８で割った０・25MPaとなります。

最後にブレーキ動作の状態を説明します。切換弁を中立位置に戻すと油圧モータのＩＮ側は油タンクにつながりますが、油圧モータは負荷の慣性力によって回転し続けようとします。カウンターバランス弁のばね力はスプールを閉じ、油圧モータに６MPaの背圧を発生させ、この大きさが油圧モータの減速度を決めています。

要点BOX

●反転負荷の背圧制御には内部パイロットと外部パイロットを併用したカウンターバランス弁を使う

図記号を使った反転負荷回路例

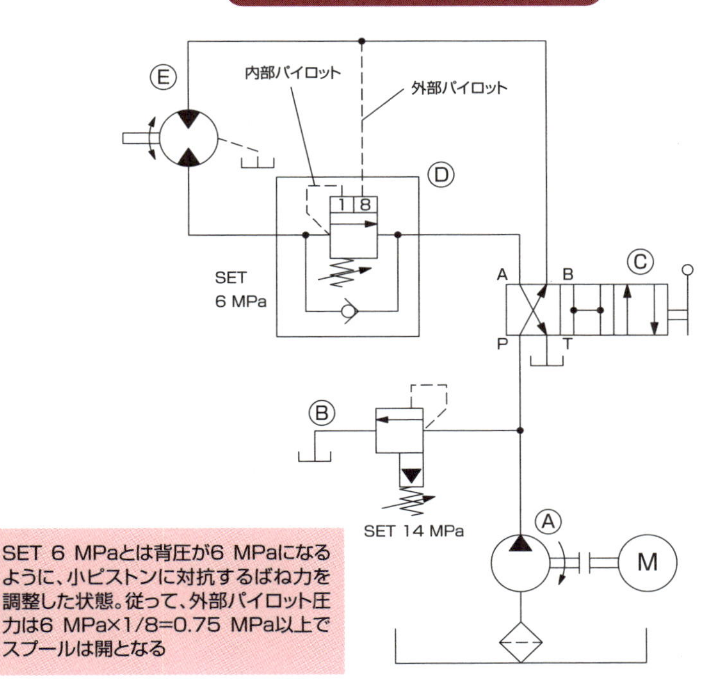

SET 6 MPaとは背圧が6 MPaになるように、小ピストンに対抗するばね力を調整した状態。従って、外部パイロット圧力は6 MPa×1/8=0.75 MPa以上でスプールは開となる

同上回路をバルブの内部構造を用いて表示（正負荷状態）

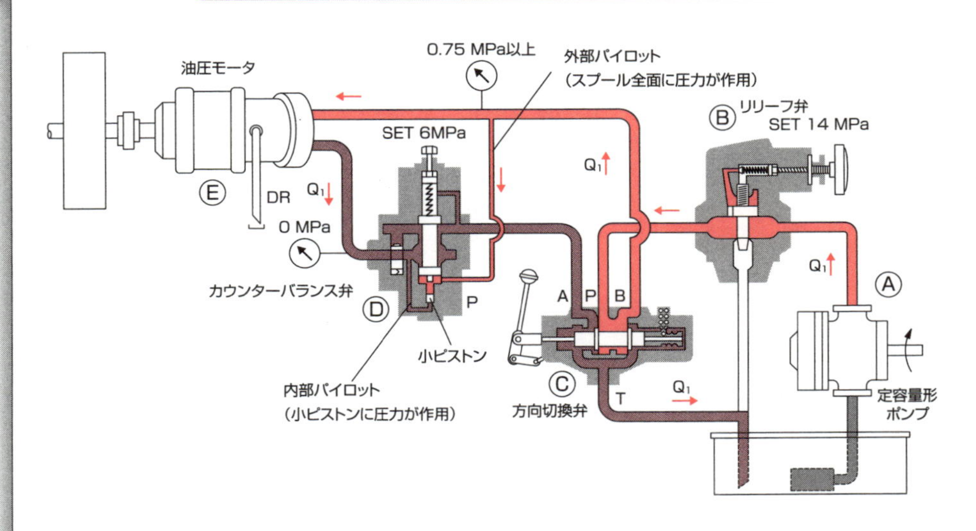

55 速度制御回路(1)

スタートショックの小さいメータイン制御

最初はメータイン制御の基本回路から説明します。また、油の定量的な流れと速度制御の3方式の違いを理解しやすくするために、シリンダサイズおよび負荷の大きさ、ポンプ容量、リリーフ弁の設定圧力はどれも同一で、図に示すとおりとします。なお、シリンダ前進時の負荷の大きさは10 MPa相当と仮定します。

上図と下図は同じ前進時の状態を示しています。

流量調整弁はポンプの吐出流量よりも少ない流量に調整します。このため余剰流量はリリーフ弁から逃がすことになり、ポンプの吐出圧力はこのリリーフ弁の設定圧力になります。

ポンプの消費動力はシリンダ負荷の大きさや速度に関係せず、ポンプの吐出流量とリリーフ弁の設定圧力によって決まります。

リリーフ弁の設定圧力は、シリンダ負荷が最大の時に流量調整弁が求める最小の弁差圧を維持できるだけの十分な大きさにしなければなりません。

シリンダ速度はピストンの断面積と流量調整弁の設定流量で決まります。ピストンの断面積は一定なので、シリンダ速度は流量調整弁を流す流量で決まり、ポンプ吐出量には依存していません。

図が示すメータイン制御の速度制御は、シリンダ負荷がプラスの正負荷の場合だけに使用されます。これはシリンダの戻り側の油は抵抗になるものが何もなく自由に流れるため、ピストンロッドを引っ張るような力が働くマイナスの負負荷ではシリンダ速度がコントロールできないためです。

次に後退時の状態を説明します。後退時はシリンダの負荷が小さく、リリーフ弁は全閉状態で、ポンプ吐出量がそのままシリンダのロッド側に供給されます。シリンダからの戻り油は流量調整弁に内蔵されているチェック弁を通り、油タンクに戻ります。

要点BOX

- シリンダには負荷圧しか発生せずショックが小さい
- マイナス負荷では速度制御ができない

メータイン制御（前進）

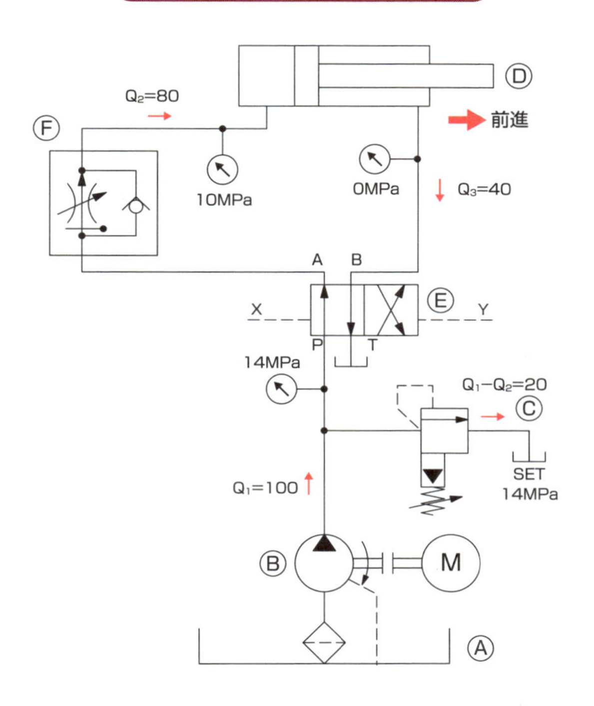

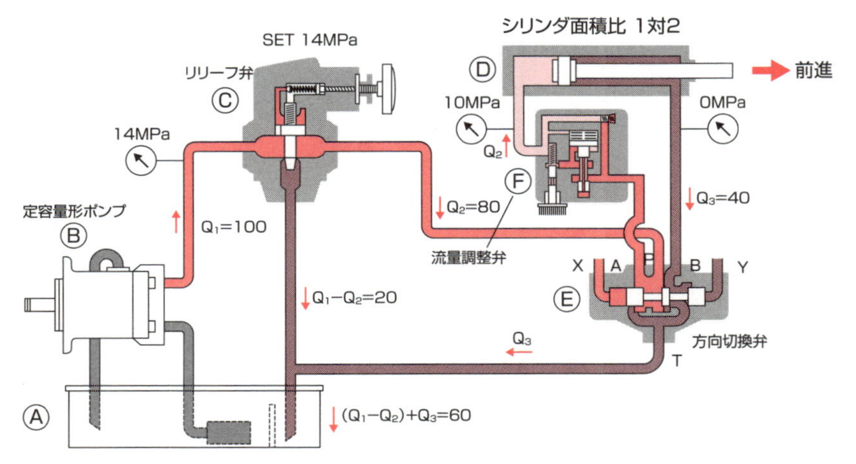

用語解説

メータイン制御：アクチュエータの供給側管路内の流れを制御することによって、速度の制御を行う回路。

56 速度制御回路（2）

制御性のよいメータアウト制御

次はメータアウト制御の基本回路を説明します。

上図と下図は同じ前進時の状態を示しています。

流量調整弁は、ポンプの吐出流量のすべてが直接シリンダに供給された場合に、シリンダから戻ってくる流量よりも少ない流量に調整します。

ポンプの吐出流量のうち余った分の流量はリリーフ弁から逃がすことになり、ポンプの吐出圧力はこのリリーフ弁の設定圧力になります。

ポンプの消費動力はシリンダ負荷の大きさや速度に関係せず、ポンプの吐出流量とリリーフ弁の設定圧力によって決まります。

リリーフ弁の設定圧力はシリンダ負荷が最大の時に、流量調整弁が求める最小の弁差圧を維持できるだけの十分な大きさにしなければなりません。

シリンダ速度はロッド側面積と流量調整弁の設定流量で決まります。ロッド側面積は一定なので、シリンダ速度は流量調整弁を流す流量で決まり、ポンプ吐出量には依存していません。

メータイン制御との大きな違いは次の点です。

メータイン制御の場合は、シリンダのＩＮ側圧力は負荷に見合った圧力しか発生せず、ＯＵＴ側圧力は常に０です。一方、メータアウト制御ではシリンダのＩＮ側圧力はリリーフ弁で設定した圧力まで上昇します。ＯＵＴ側圧力は油圧力と負荷の大きさによる作用・反作用の関係で決まります。

図は前進時の負荷を10 MPa相当と仮定しており、ＯＵＴ側の圧力（ロッド側背圧）は８ MPaになります。もし負荷が０の場合にはロッド側背圧はシリンダ面積比による増圧だけで決まり28 MPaになります。

このようにメータアウト制御では、ロッド側の圧力は負荷の大きさによってはリリーフ弁の設定圧力を超えるので注意が必要です。

要点BOX

- ●あらゆる負荷に対して速度制御が可能
- ●ロッド側に過大背圧が立つ恐れがあり注意する

メータアウト制御（前進）

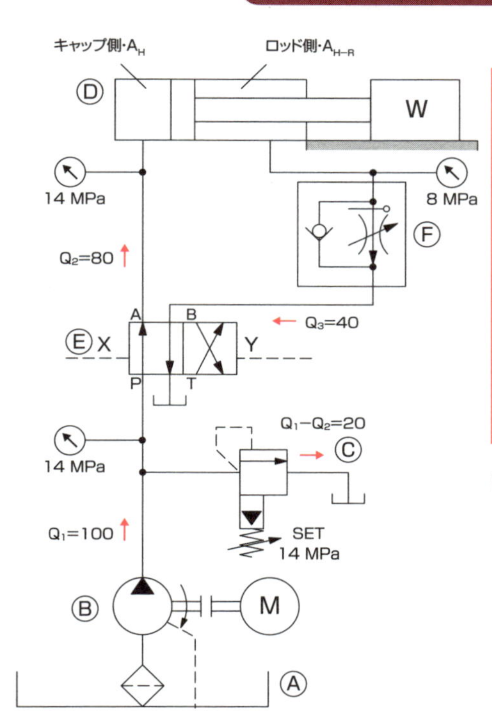

ロッド側 背圧の求め方

$$P_{iN} \times A_H - P_{OUT} \times A_{H-R} - W = 0$$

$$\left.\begin{array}{l} W = 10\text{MPa} \times A_H \\ \dfrac{A_H}{A_{H-R}} = 2 \end{array}\right\} \text{と仮定}$$

$$P_{OUT} = \frac{A_H}{A_{H-R}}(P_{iN} - 10)$$

$$= 2(14 - 10)$$

$$= 8\text{MPa}$$

ここに
- A_H :キャップ側面積
- A_{H-R} :ロッド側面積
- W :シリンダ負荷
- P_{iN} :キャップ側圧力
- P_{OUT} :ロッド側圧力

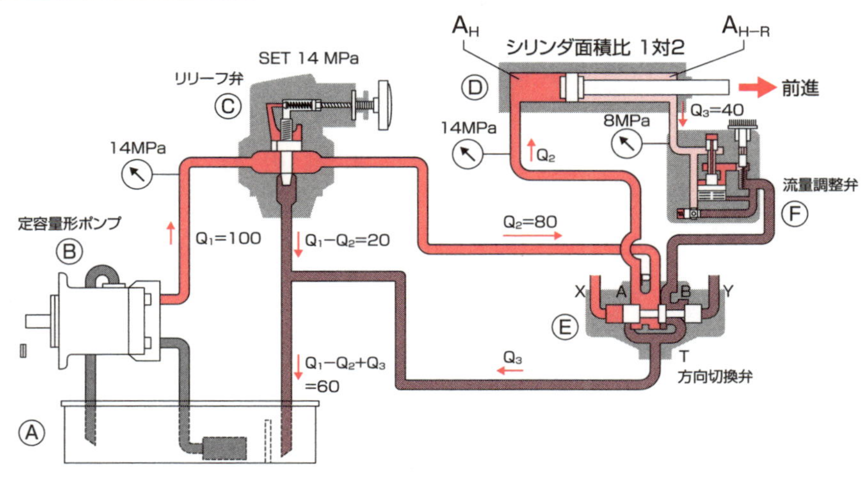

用語解説

メータアウト制御：アクチュエータの排出側管路内の流れを制御することによって、速度の制御を行う回路。

57 速度制御回路（3）

エネルギー損失の小さいブリードオフ制御

最後はブリードオフ制御の基本回路を説明します。

図は前進時の状態を示しています。ブリードオフ制御では流量調整弁はポンプの吐出ラインを分岐して設けられ、ポンプの吐出流量の一部を油タンクへ逃がす回路となります。ポンプの吐出圧力はシリンダ負荷の大きさで決まります。

ポンプの消費動力は、ポンプの吐出流量と、負荷によって直接決まるポンプの吐出圧力の大きさとにより決まります。ブリードオフ制御は図で示すようにメータイン制御、メータアウト制御に比べてポンプ圧力が下がり、省エネルギー回路になることが特徴です。

リリーフ弁は操作圧力を制限し、また過負荷から油圧システムを保護しています。

シリンダ速度はピストンの断面積とポンプの吐出流量から流量調整弁でタンクへ逃がした流量を差し引いた流量で決まります。ピストンの断面積は一定なので、シリンダ速度は流量の変動の影響を受けます。この流量変動には流量調整弁の通過流量の変動とポンプ吐出流量の変動の両方が影響します。

このようにブリードオフ制御ではポンプ吐出流量の変動がシリンダ速度に直接影響するので注意が必要です。

図が示すブリードオフ制御の速度制御は、メータイン制御のときと同じようにシリンダ負荷がプラスの正負荷の場合だけに使用されます。これはブリードオフ回路も同様にシリンダの戻り側の背圧は常に0になるからです。

三つの速度制御の使い方は一般に次のようにいえます。スタート時のショックが許容できない前進動作にはメータイン制御、下降動作には自重降下によるメータアウト制御、上昇動作にはブリードオフ制御が最もスムーズな動作を得られやすいです。

要点BOX
●ポンプは負荷圧しか発生せず省エネ回路となる
●マイナス負荷では速度制御ができない

ブリードオフ制御（前進）

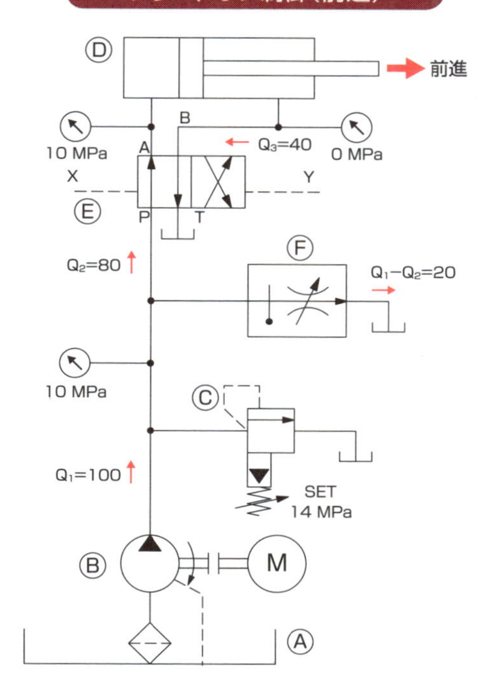

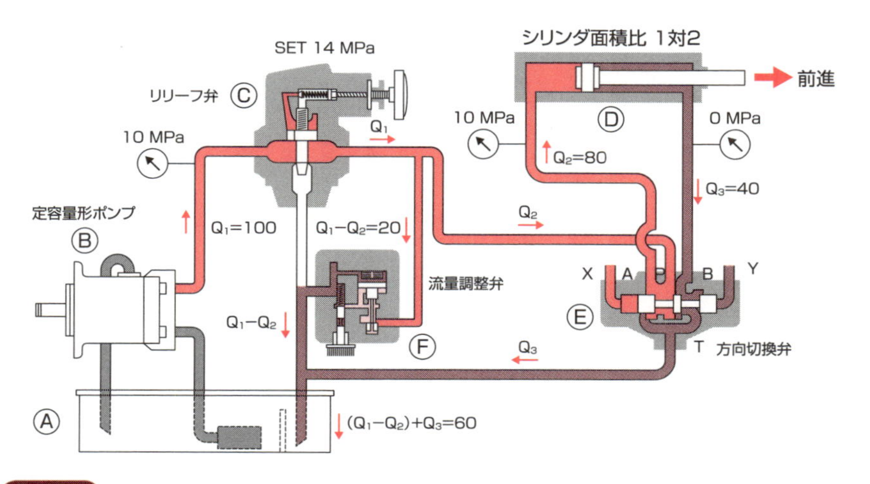

用語解説

ブリードオフ制御：アクチュエータの供給側管路に設けたバイパス管路の流れを制御することによって、速度の制御を行う回路。

58 閉回路

戻り油をポンプの吸込口に直接接続する回路

JIS B 0142では、閉回路のことを戻り油をポンプの吸込口に直接接続する回路と定義しています。

現在の閉回路では、片回転駆動のオーバセンタポンプと定容量形油圧モータによる方法、両回転ポンプと定容量形油圧モータによる方法、両回転ポンプとシリンダによる方法の三つの油圧回路が見られます。

図は最も代表的な閉回路です。

油圧ポンプはオーバセンタポンプであり、駆動軸の回転方向を変えることなくポンプ吐出方向の反転が可能です。

図に示すように、閉回路では方向切換弁、流量調整弁、カウンターバランス弁などがありません。これは油の流れ方向、吐出流量はすべて油圧ポンプが制御するためです。また、油圧モータ負荷の慣性力は油圧モータをポンピング作用させ、油圧ポンプをモータ作用にして動力を吸収するため、カウンターバランス弁も不要です。このため、閉回路は回路効率が高い特徴を有します。

しかし、閉回路では作動油は回路内を循環するだけであり、回路内のエネルギー損失が熱エネルギーに変わり、油温の上昇が問題となります。このため、閉回路では一般に少容量（メインポンプの10～20％程度）の定容量形のフィードポンプとフラッシング弁を設けて、閉回路内の作動油を入れ換えます。

このとき、作動油が十分に入れ換わるように配管は、図のⒶ点は主ポンプの近くに、Ⓑ点はフラッシング弁の近くに配置することが必要です。

実用ではフィードポンプ回路は次のとおりです。

a．油圧ポンプの吸込ポートにチャージ圧力を確保し、キャビテーションの発生を予防

b．フラッシング弁の戻りラインにフィルタと油クーラを設置し、ここに戻り油を通して作動油のフィルトレーションと冷却を行う

要点BOX

- ●切換弁、絞り弁がなく高い回路効率が得られる
- ●オーバセンタポンプにより油の流れ方向を変換
- ●フィードポンプとフラッシング弁で油を入替

閉回路

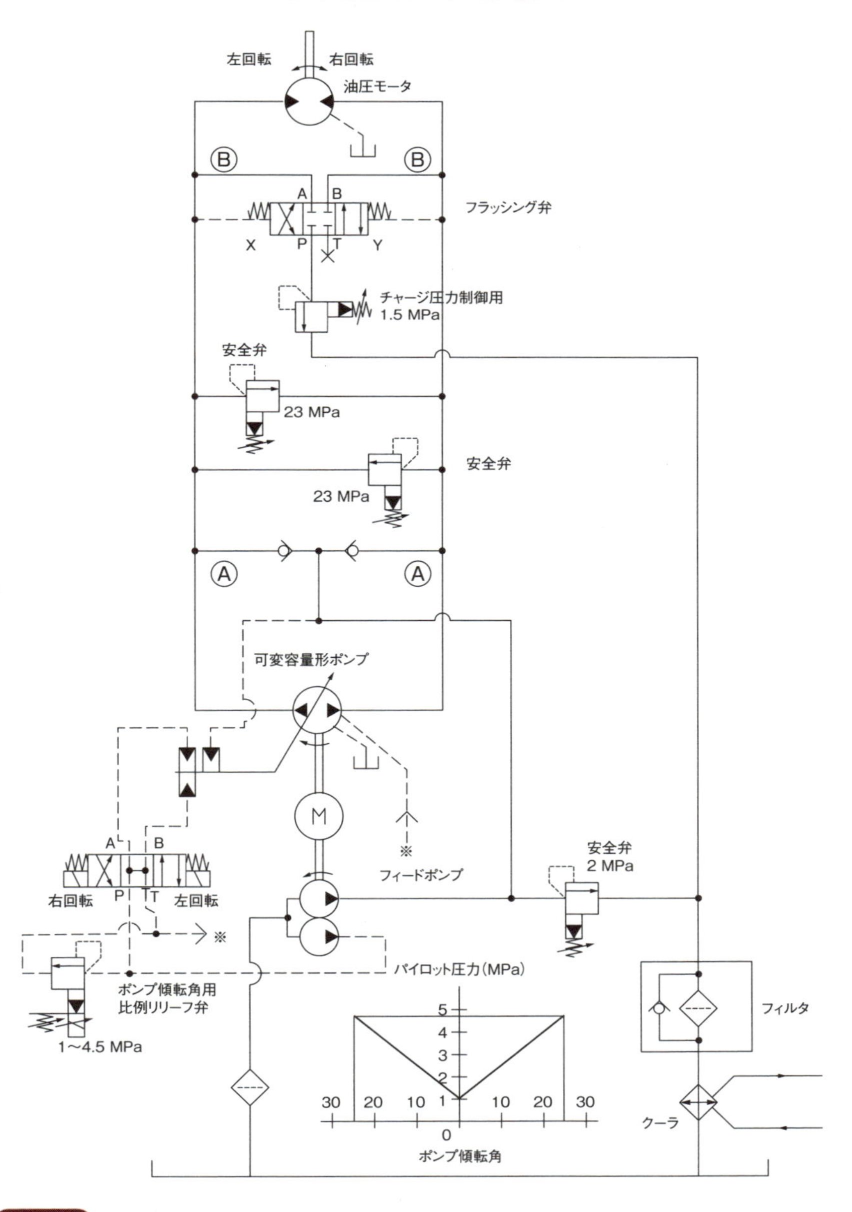

用語解説

チャージ圧力（boost pressure）：作動油を補充するときの圧力。通常、閉回路または2段ポンプで用いる。

59 省エネルギー回路（1）

代表的な省エネの基本回路と特性

ここでは省エネルギー化の代表的な基本回路の三つを説明します。それは圧力マッチ制御、流量マッチ制御とロードセンシング制御です。

上図は、一般に「圧力マッチ制御」または「メータインブリードオフ制御」と呼ばれる回路です。これはギヤポンプやベーンポンプなどを使用した場合に、ポンプの吐出圧力を常にアクチュエータの負荷圧にほぼ等しくさせて、回路効率を上げる方法です。

絞り弁のIN側とOUT側の圧力を差動型リリーフ弁の1次・2次圧パイロットポートに導いて、絞り弁の前後差圧が常に一定になるように、差動型リリーフ弁から余剰流量をブリードオフさせるものです。この回路は負荷圧力の変動は大きいですが、速度の調整幅が小さい場合には回路効率がよく、型押出プレスなどに有効です。

次は「流量マッチ制御」です。これは圧力補償形可変ポンプを使用することによって、常にアクチュエータの必要な流量だけ吐き出す回路です。これは負荷圧の変動が小さい場合には回路効率がよく、工作機械のチャッキング回路などに最適です。

下図は「ロードセンシング制御」と呼ばれる回路です。これはロードセンシング弁によって吐出量を制御する油圧ポンプと流量制御弁で構成されています。ロードセンシング弁は、流量制御弁の前後差圧を一定にするようにポンプ吐出量を制御し、アクチュエータが必要とするだけの圧力・流量を供給するシステムです。

ポンプ吐出圧力は負荷圧力に追従してしまうため、通常は安全を考え、圧力補償弁を併用して、この設定圧力以上ではポンプ吐出量を0にします。

このロードセンシング制御は回路効率のよいシステムとして建設機械などでよく使われています。

要点BOX

- ●圧力マッチ制御回路とその特徴
- ●流量マッチ制御回路とその特徴
- ●ロードセンシング制御回路とその特徴

圧力マッチ制御

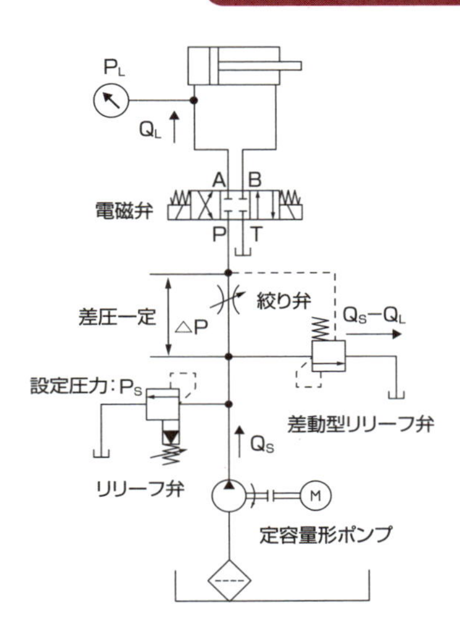

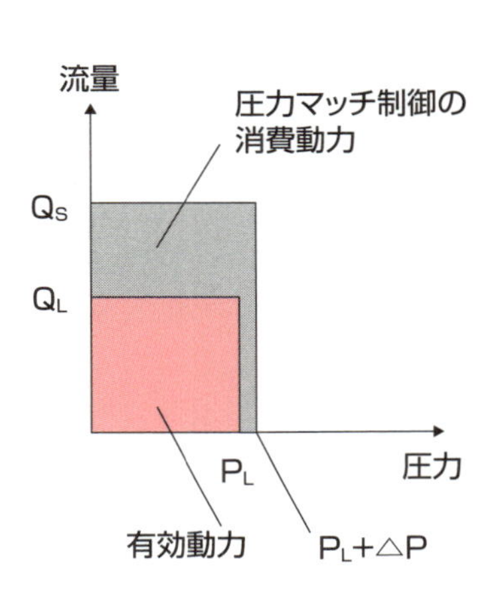

ロードセンシング制御

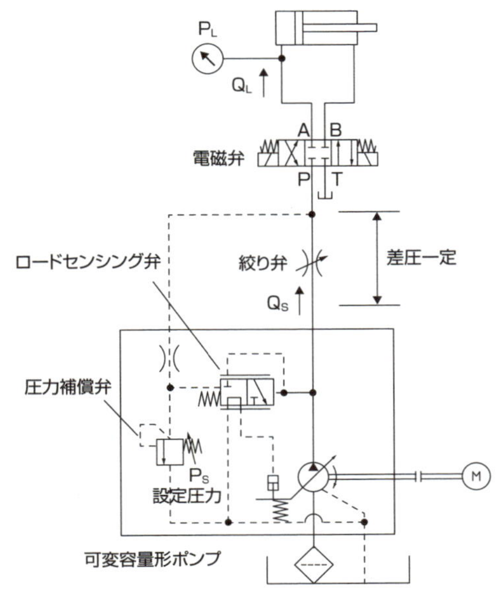

Q_S ：ポンプ吐出流量
Q_L ：負荷の所要流量
P_L ：負荷圧
$P_L+△P$ ：ポンプ吐出圧

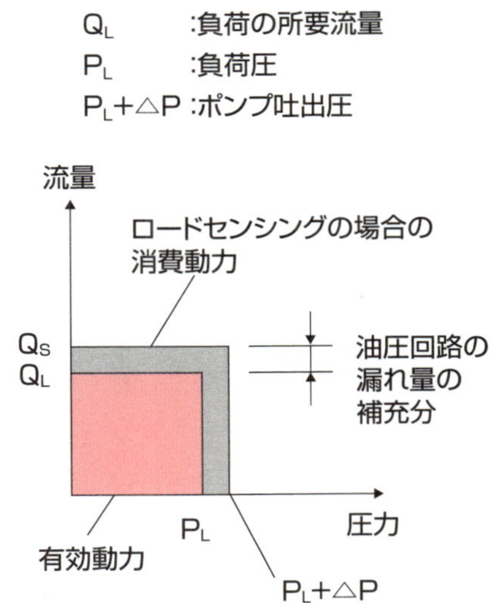

60 省エネルギー回路(2)

電気ダイレクト制御方式と回転速度制御方式

ここでは、最近の代表的な省エネルギー回路である電気ダイレクト制御方式と回転速度制御方式について説明します。

上図は、電気ダイレクト制御方式のポンプ機能を表したものです。電気ダイレクト制御方式とは、可変容量形ポンプの可変機構を電気信号で直接制御する方式で、ポンプに傾転角（流量）センサと圧力センサを搭載しており、専用のコントローラへ電気信号を与えることによって流量・圧力を自由にコントロールできます。

樹脂材料の成形では1サイクル中に圧力・流量の指令を頻繁に変えるため、省エネルギー対応の電気ダイレクト制御方式のポンプが一般に使われます。

下図は、回転速度制御方式の油圧ポンプシステムを示しています。

回転速度制御方式とは、一般に定容量形ポンプの回転速度を変えて流量・圧力制御を行う方式で、圧力制御のときには油圧ポンプは正逆両回転します。この油圧ポンプの回転速度制御にはＡＣサーボモータを用い、回転速度はモータの回転速度信号および油圧ポンプの吐出圧力信号をフィードバックして制御しています。

回転速度制御はモータの回転速度をフィードバックするシステムのため、アクチュエータが停止している時はＡＣサーボモータも停止し、圧力制御の時は油圧回路の漏れを補うだけであり、モータの回転速度は極低速となります。このため、回転速度制御は省エネルギー性と低騒音が大きな特徴です。

最近の生産設備は生産性（ハイサイクル）、高品質（繰り返し性）、対環境性（省エネルギー）が強く求められています。一方、市場では高効率のパワー素子および高速CPUが低価格で入手できる環境が整い、ＡＣサーボモータによる回転速度制御システムが多く見られます。

要点BOX
●電気ダイレクト制御方式は流量・圧力を自由にコントロール
●回転速度制御にはACサーボモータを使用

電気ダイレクト制御方式

（圧力指令）P Q（流量指令）

コントローラ

可変容量形ポンプ

圧力センサ

電動機

斜板角度センサ

回転速度制御方式

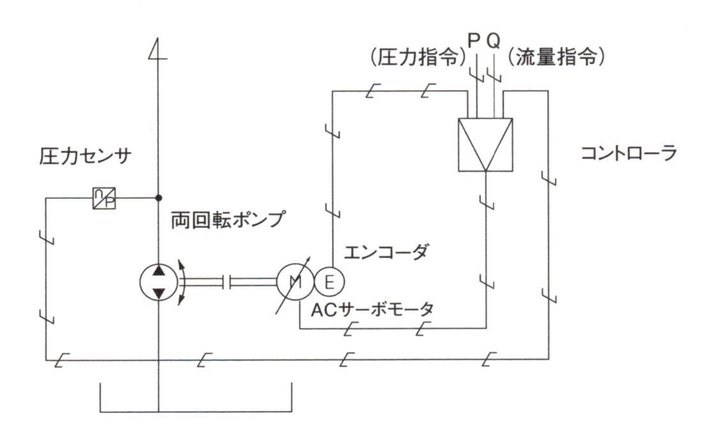

Column

コンピュータで簡単に油圧システムの動特性が分かる

初心者にとって油圧が分かりづらいのは油圧回路図にあるのかもしれません。油圧回路図は油圧装置の構造ではなく機能を示すものと何回か書きましたが、確かに油圧回路図だけでは油圧システムの概要は分かりづらいかもしれません。

しかし、油圧の経験者にとっては油圧機器だけではなく油圧装置の仕様のやり取りをするのに非常に便利なツールです。また、中級者にとって油圧の難しさは油圧回路図から油圧システムの動特性が読めない点と思います。

以前は、よく油圧は経験工学だといわれました。これはアクチュエータの起動・停止時のショック、運転中の騒音、運転中の油温上昇などは詳細に予測するのは困難でしたが、この対応には過去の類似の油圧装置の対策が有効だったのが理由と思います。

現在はコンピュータが高度に発達し、油圧システムの動特性を解析するソフトもたくさん見られます。

日本フルードパワーシステム学会にはOHC−sim (oil hydraulic circuit simulation) というシミュレーションソフトがあります。油圧図記号のアイコンを選択し、アクチュエータの負荷条件、管路条件、油圧機器の特性、作動油の特性などを入力しながら油圧回路を作成すれば、容易に知りたい箇所の動特性が得られます。

最近は油圧システムの特性を動画で紹介することも多々見られるようになりました。

今後は益々油圧システムも理解しやすい環境が揃ってくると思います。

第6章
活躍する油圧システム

61 快適性が求められる自動車

滑らかなハンドルさばきに貢献

自動車の油圧について説明します。

ドライバーがハンドルを切る時の力を「操舵力」といいますが、この力を補助するシステムに油圧が使われ、「油圧パワーステアリング」と呼ばれています。油圧パワーステアリングシステムは、油圧源となるベーンポンプ、アクチュエータとなるステアリングギヤ、油タンクとこれらを結ぶ配管から成り立っています。

ハンドルを切りギヤ内部のロータリバルブの流路が変化すると流れに圧力差が生じ、これがシリンダに作用しタイヤを押す力になります。

ベーンポンプはエンジンとほぼ同じ回転速度の500～8000回毎分で駆動されますが、操舵アシスト特性がエンジンの回転速度によって変化しないよう、ステアリングギヤへの供給流量を一定に保つためのブリードオフ形流量調整弁と回路圧を保護するリリーフ弁を内蔵しています。

ベーンポンプの使用圧力は一般に5～10MPaの大きさです。

自動車を止めるブレーキにも油圧が使われています。作動液は、作動油とは異なる専用のブレーキオイルを用いています。この油圧ブレーキはパスカルの原理を応用したものです。ブレーキペダルの踏力をマスタシリンダで液圧に変換し、ブレーキパイプを介してタイヤのホイールシリンダに伝達し、ブレーキシューの摩擦力によってタイヤを止めています。

ブレーキにはこの他にアンチロックブレーキシステム（ABS）があります。これは各タイヤに一対の電磁弁が付き、高速でON－OFF動作を繰り返すことによって増圧、保持、減圧モードを作り、滑りやすい路面での制動時の車輪ロックを防止しています。

その他に、自動変速機（AT）の遊星歯車式のギヤの組み替えを油圧が行っています。自動車のアクセル開度と走行スピードの信号から演算して、このギヤの組み合わせを自動的に行っています。

●操舵性には油圧パワーステアリングがカギ
●音の静かなベーンポンプを使用
●ブレーキにパスカルの原理を応用

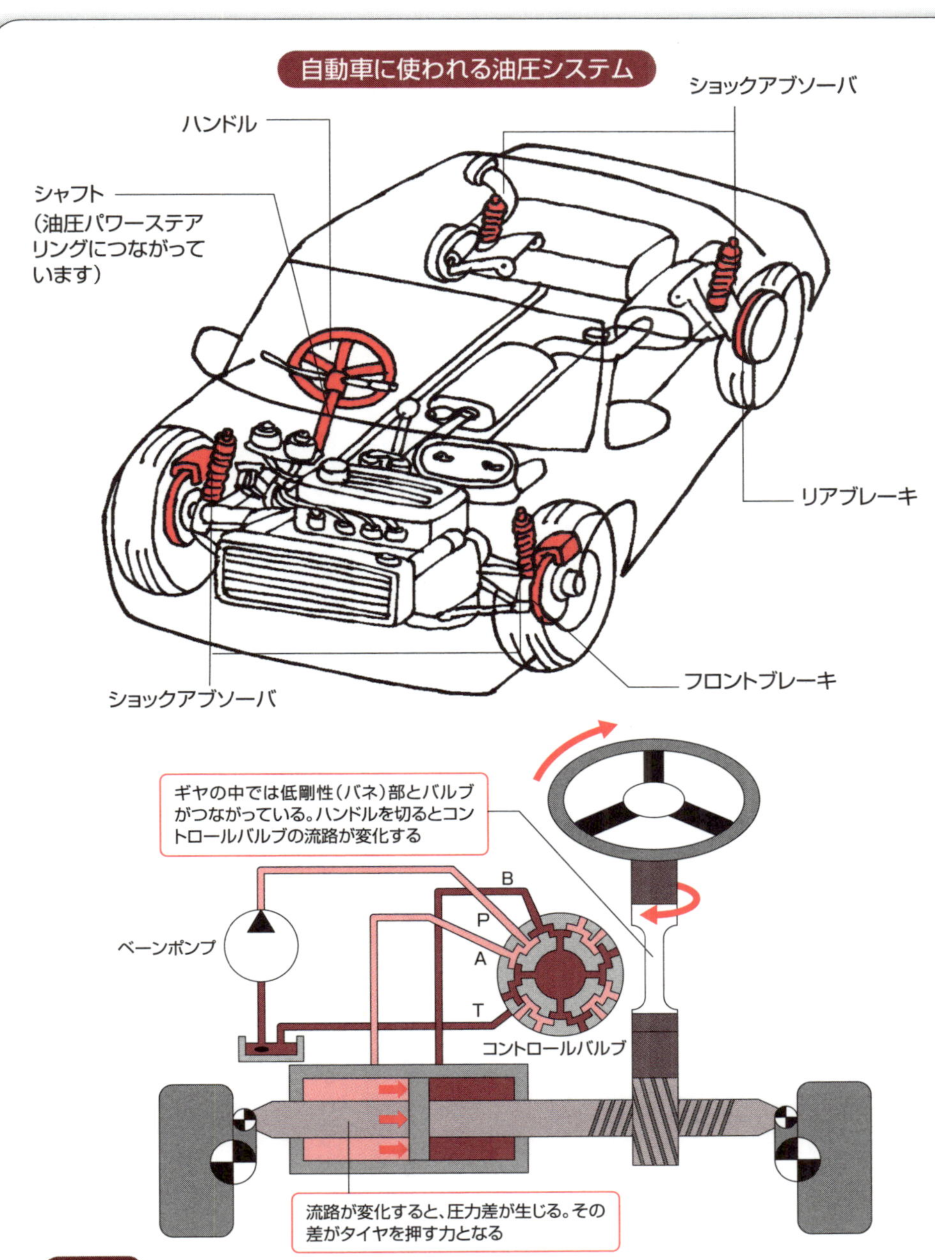

用語解説

ショックアブソーバ：車体の振動を吸収するもので、スプリングを伴い、車体とタイヤの間に取り付けられている。本体にはオイルが密閉されていて、シリンダピストンに小穴が開けられている。ピストンが上下する時に、この穴をオイルが通過する抵抗力を利用。

62 信頼性に応える油圧ショベル

世界に認められた制御性と省エネ性

ショベルは、バケットで土を掘って積込作業をしたり、地面を均したりするのが基本作業の建設機械です。アタッチメントを交換するとビルの解体、穴掘り、簡単なクレーン作業まで行える万能建設機械であり、建設機械の中では最も多く見られます。

エンジンで駆動される油圧ポンプからの油動力はコントロール弁に送られます。コントロール弁と各アクチュエータとは配管を介しています。運転席の左右にあるレバー操作式のパイロット弁で一連の動作を操作します。

ショベルに油圧が使われる理由は、同時・複合動作の制御性のよさと省エネ性の向上といえます。現在の使用圧力は一般に35MPaで、油圧ポンプは2連の可変容量形ピストンポンプです。コントロール弁は連結弁（ganged valve）が使われ、油圧回路構成はセンタバイパス通路のタンデム回路にパラレル回路を併用したもので、同時・複合動作が可能になります。

センタバイパス通路の最下流には絞りが設けられており、この絞りの通過抵抗を背圧として検知し、これを油圧ポンプにフィードバックしています。油圧ポンプはこの背圧が一定になるように吐出流量を制御しています。このため、すべてのアクチュエータが停止した時は、この背圧が一定になるように油圧ポンプは吐出量を自動的に減少させ、消費エネルギーを最小にしています。

油圧ショベルの省エネルギー方法には、この他にポンプ吐出流量をパイロット弁のパイロット圧力に比例させるものとロードセンシング制御があります。

また、近年は排ガス規制が厳しくなり、エンジンの特性に合わせてアクチュエータの負荷制御を行ったり、旋回のブレーキ動作時のエネルギーを回収し、加速動作時にこの回収エネルギーを用いてエンジンをアシストするものが見られます。

要点BOX

- ●可変容量形ピストンポンプで同時・複合動作が可能
- ●停止時は自動的に油圧ポンプが吐出量を減少

ショベルに使われる油圧システム

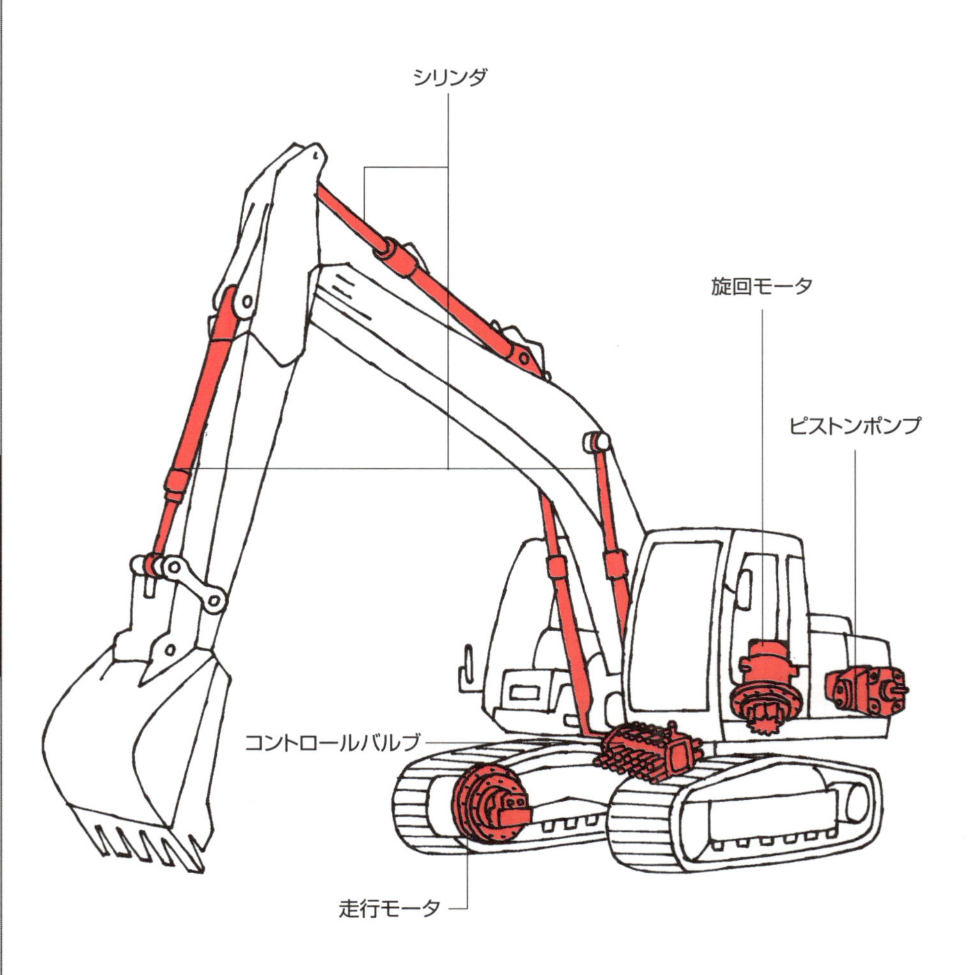

用語解説

タンデム回路：一つのスプールを操作している時は、それより下流側のスプールは使用できない回路。
パラレル回路：アクチュエータをそれぞれ独立して操作することができる。また、開度調整することによって、同時操作も可能な回路。

63 海での大役を担う船舶

最も効率的な大量移送手段を後押し

移送手段としての船舶、自動車、航空機の消費エネルギーは約1対4対40程度といわれ、船舶が最も効率がよく、大量移送に選ばれています。

船舶における油圧の使用は推進系、操舵系、減揺系および甲板機械などと多岐にわたります。

推進系の主要なものに可変ピッチプロペラがあります。固定ピッチプロペラの場合、後進するにはエンジンを逆転させる必要がありますが、可変ピッチプロペラはピッチを変えることで必要な船速を得るようにしたものです。大きくピッチを変えて前進から後進まで変更できます。ピッチの位置制御には大きなトルクが必要であり、油圧シリンダが用いられています。プロペラピッチの位置決めサーボ機構は、電磁切換弁のON－OFF制御のためサーボ弁に比べ制御性は劣りますが、信頼性・保守性・コストの面で受け入れられ一般に使われています。

船舶の進行方向を変えるのは舵です。船舶は角度を持った舵が発生する揚力から回転モーメントを得て、進行方向を変えています。この舵の角度を変えるには大きなトルクを要するため、すべて油圧が用いられています。オートパイロットによる舵取り動作は、電気信号により油圧を制御するパワーステアリングシステムです。一般に小形船はバルブ制御方式で、電磁弁で舵の方向を切り換えるシステムです。大形船はポンプ制御方式で、斜軸形可変容量ポンプの傾転を両方向に制御し、舵の方向を切り換えています。

減揺系にはフィン・スタビライザーなどがあります。これは船体の動揺に合わせてフィンの角度を変えています。このシステムは推進系や操舵系と違い、多様な外乱の影響を受ける船体動揺の減揺制御であり、一般に高速油圧サーボ弁が使われています。

甲板機械には、塩害に強い特性を持つ油圧が使われています。

要点BOX
- ●前にも後ろにも進めるのは油圧のおかげ
- ●船の進行方向はすべて油圧が担っている
- ●塩害に強い油圧は船舶に最適

船舶に使われる油圧システム

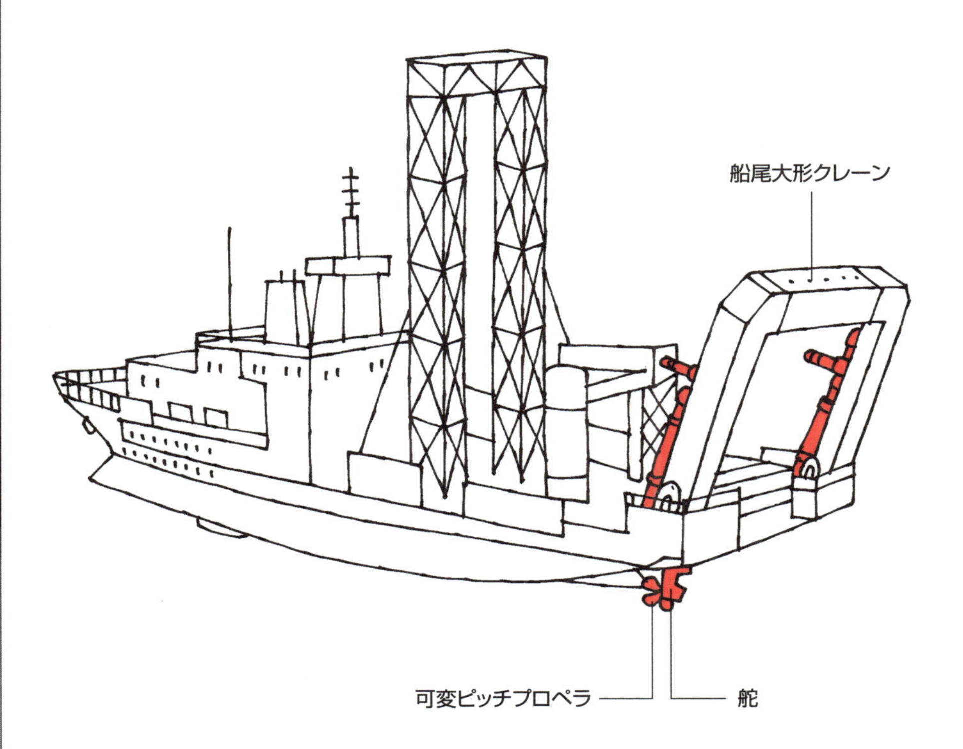

用語解説

船尾大形クレーン：最新の大形海底掘削装置などを船尾より揚収し、鉱物資源探査に使用する装置。

64 安全な空の旅をかなえる航空機

飛行を支える信頼性が必須

　航空機では飛行中の姿勢制御を行う操縦系統と、離着陸に必要な降着・ブレーキ系統を駆動するのに油圧が使われています。油圧系統が故障すると、安全な飛行や着陸が阻害されるので、高い信頼性を要求されるのが特徴です。また、燃料消費を抑え、乗客や貨物のためのスペースを広くとるために油圧装置の小形軽量化も重要な事項です。

　油圧系統の具体的な特徴は次のとおりです。

・高い信頼性を確保するために、独立した2～4系統の油圧源で構成する冗長性を持たせる
・操縦系統のアクチュエータは、電気油圧サーボ弁とシリンダが一体になっている。特に重要な油圧サーボアクチュエータは、シリンダが2個直列につながったデュアル・タンデム・シリンダ方式が多く、それぞれ独立した別の油圧系統から油圧の供給を受けており、一方の油圧系統が故障したら、他方の油圧系統に自動で切り換わる
・民間の航空機では火災を避けるために、作動油は難燃性で潤滑性のよいりん酸エステルを使用している
・作動油中の汚染物質による機器の動作不良を避けるために、油圧ポンプの吐出ラインおよび戻りラインには絶対ろ過精度15 μmのフィルタを、ハウジングのドレンラインには絶対ろ過精度25 μmのフィルタを設けている。また、一定飛行時間ごとにフィルタの点検を行い、作動油の清浄度を維持
・油圧ポンプは圧力補償形斜板式ピストンポンプが主流で、定格圧力は21 MPa（近年35 MPaの実用機が現れてきた）だが、ハウジング類にアルミニウム合金を使用。また、油圧ポンプは加圧タンクにし、高速回転速度（民間大形輸送機では３７５０ min^{-1} が多い）で作動させており、同一出力の一般産業用ポンプと比較して、質量は約40％程度と動力密度（kW／kg）が高い

要点BOX
●飛行中の姿勢制御や離着陸のブレーキなどで活躍
●小型軽量化が求められる

航空機に使われる油圧システム

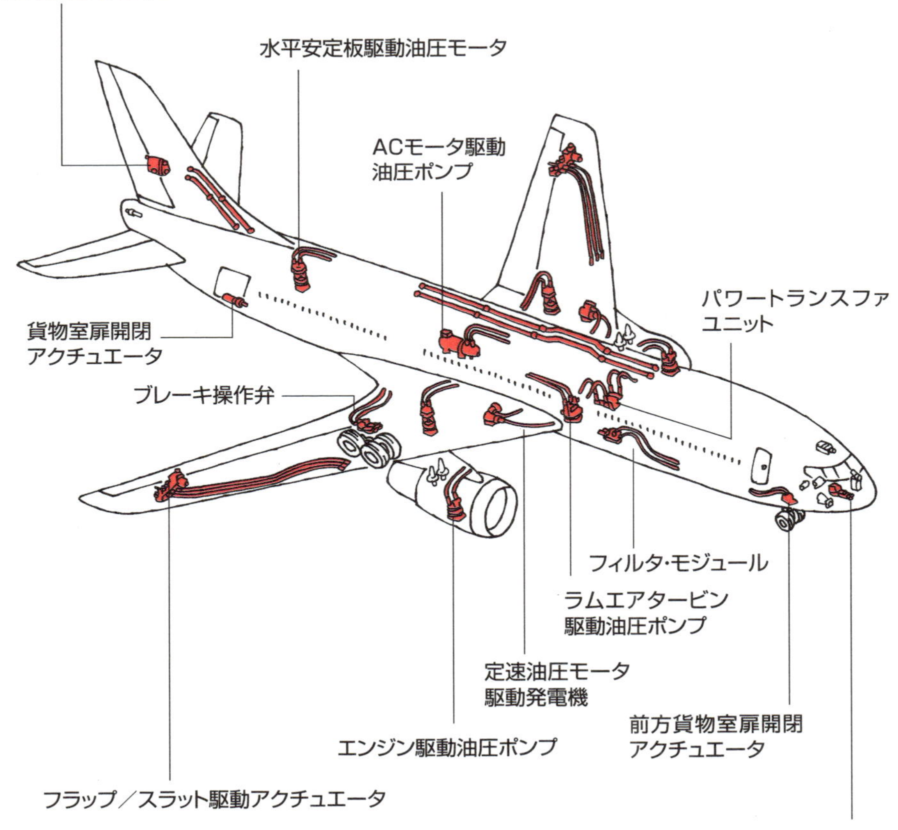

用語解説

パワートランスファユニット：油圧モータで駆動される油圧ポンプ。パワートランスファユニットの油圧ポンプとつながっている側のエンジン駆動油圧ポンプが故障した場合、そのシステムに油圧を供給するもの。

65 工作機械の代表NC旋盤

ワークを固定し高精度加工を実現

切削機械の代表は工作機械です。その中でも、特に旋盤を複合化したNC旋盤は数多く使われています。

現在のNC旋盤において、油圧が使われているのは回転するワークを固定するチャッキング、加工中にワーク（工作物）が振れないようにする心押台および刃物台（タレット）の固定です。

ワークのチャッキングは一般に「油圧チャック」や「パワーチャック」と呼ばれています。チャックは連結棒（パイプ）でシリンダピストンとつながっています。ワークを固定する爪の力は、シリンダピストンの力をチャック内部のくさび機構を利用してラジアル方向の力に変換することによって得ています。この爪の押し付ける力はチャックシリンダの減圧弁の圧力設定により無段階に設定できます。心押台はシリンダで直接ワークを押すことになり、この力は心押台シリンダの減圧弁の圧力設定で決まります。

工作機械は「マザーマシン」と呼ばれており、高精度加工が求められ、油圧は一般に7MPa以下の低圧仕様ですが、これは次のような理由からです。

・油圧機器内部のリークが少なく、容積効率が高く安定している
・油自身の圧縮の影響が小さい
・低騒音でショックが小さい

その他、工作機械はマシンフレームの熱歪みによる加工精度の低下をなくすように工夫を重ねています。油圧装置においても、油タンクの油温上昇は外気温度より10℃を超えないように、油圧ポンプは一般に圧力補償タイプの可変容量形ベーンポンプを使用しています。また、旋盤は全運転時間の80～90％がワークのチャック保持時間といわれます。このため、チャック保持中はインバータを用いて油圧ポンプの回転速度を下げることによって消費電力を抑え、油温上昇を下げることもあります。

要点BOX
- ●減圧弁による無段階の圧力設定でワークを自由に固定
- ●繊細な加工には7MPa以下の低圧仕様

NC旋盤に使われる油圧システム

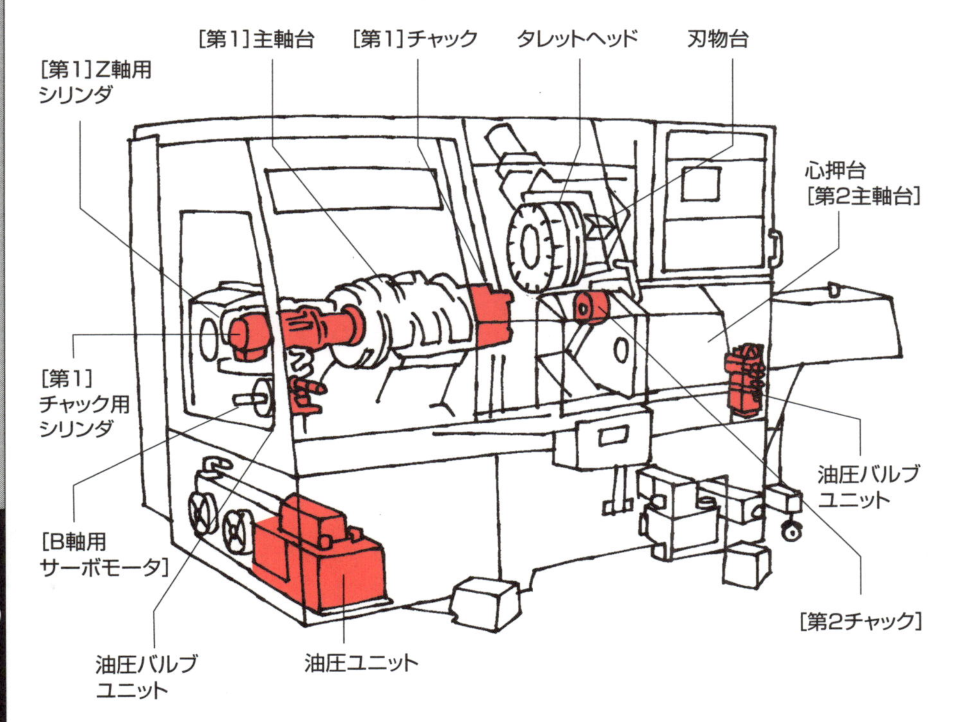

油圧チャックの概略図

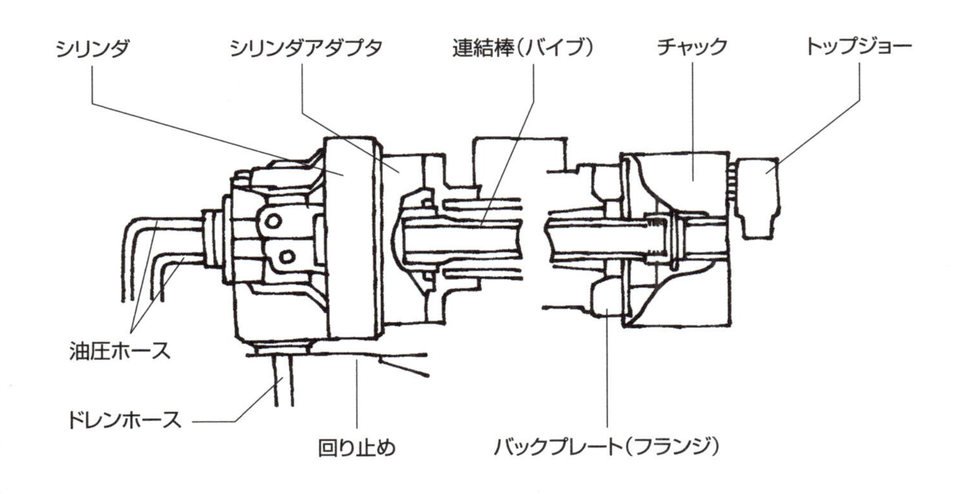

66 大きさは最大5万t油圧プレス

小さな動力で巨大な力を発揮

鍛圧機械の中のプレス機械は成形速度が速いクランク式の機械プレスが主力です。この機械式は位置によってプレス力が変化する欠点があります。

一方、油圧プレスは成形速度が遅いですが、任意の位置で成形速度とプレス力を容易に制御できる長所があり、深絞り成形、ダイスポッティングや樹脂成形のSMCプレスなどによく使われます。また、油圧プレスはポンプ供給流量と圧力の変換も容易で、小さな動力でも巨大な力が得られる特徴があります。油圧プレスは10～20tの小形から、最大は50000tまであります。

一般的な油圧プレスの動作は、無負荷高速下降、加圧下降、加圧保持、圧抜き、上昇、上限停止のサイクルとなります。

油圧プレスの基本的なシステムは次のとおりです。シリンダは最大プレス力を出せるメインのラムシリンダと無負荷下降と上昇の高速を図る補助シリンダからなり、プレフィル弁、カウンターバランス弁、シーケンス弁などで構成され、使用圧力は一般に31・5MPaです。油圧ポンプは主に可変容量形ピストンポンプです。

プレフィル弁は、無負荷高速下降の時に大流量の作動油を油タンクからラムシリンダに供給します。加圧時はバルブを閉じた状態ですが、上昇時にはパイロット圧力で強制的に開弁させてラムシリンダからの作動油を油タンクに直接戻すためのバルブです。

シーケンス弁は高速下降から加圧動作への切り換えを、補助シリンダのライン圧力によって自動的に油路を切り換えることによって行うものです。

加圧下降時は一般にポンプ供給流量によるメータイン制御です。加圧制御は高い応答性が要求され、油圧ポンプによる圧力制御よりも、比例電磁式リリーフ弁によるのが一般的です。この時、消費動力を小さくするためにポンプ流量は絞っています。

要点BOX

- 油圧プレスは、成形速度は遅いが速度と力を容易に制御
- ポンプ供給流量と圧力の変換も簡単

鍛圧プレスに使われる油圧システム

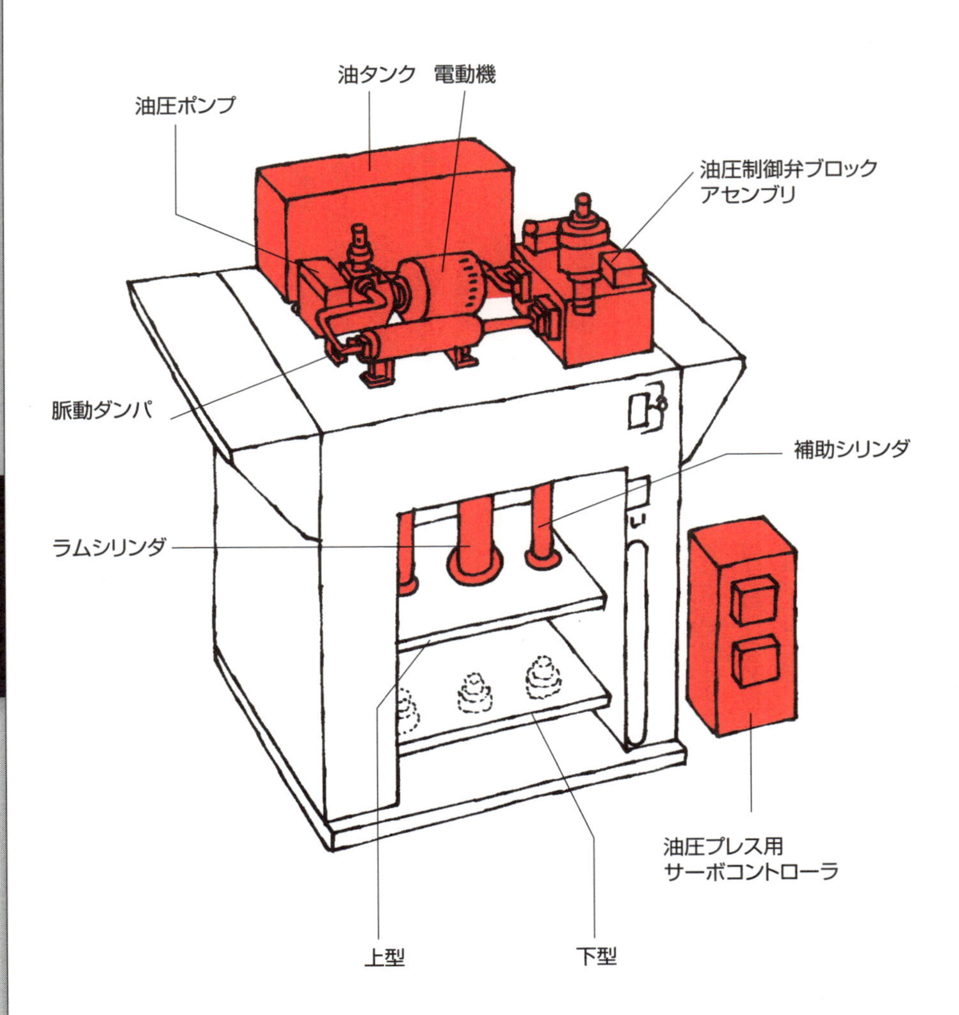

用語解説

SMCプレス：Sheet Molding Compound Pressの略で、一般的に熱硬化性樹脂に補強材のフィラーを混ぜた材料を成形するプレスマシン。ヨットやボートの船体などに用いられている。

67 スピードが大切ダイカストマシン

瞬間的な大きな力が必要

金属を溶解して鋳型に流し込み、これを凝固させて製品とすることを「鋳造」といいます。

溶融温度が1200℃程度の鋳鉄の場合には、高温に耐えるため鋳型は「砂型」が必要になります。アルミニウム合金の溶融温度は650℃と低いために、鋳型は「金型」を使うことができます。

ダイカストマシンは金型に溶湯を高速で注入し、凝固する一瞬の間に高圧（40～100MPa）を掛けて成形する生産サイクルが非常に速い鋳造法であり、自動車のエンジンブロックやトランスミッションケースなどを生産しています。ここではダイカストマシンの油圧システムについて説明します。

ダイカストマシンにおいて、油圧は金型の開閉、射出および製品の押出動作に使われています。

ダイカストマシンは概略0・1秒で溶融金属を金型内に充填し、0・1秒で高圧加圧を完了させる高速の射出特性が必要になります。最近の中形機クラスでは一般に高速射出速度は6m毎秒、低速から高速速度への立上時間は0・01秒、射出完了後の高圧への増圧時間は0・01秒程です。この中形機クラスでも高速射出時と増圧時の瞬間的な動力は2000kWほどの大きなパワーが必要になります。このため、ダイカストマシンはすべてアキュムレータの蓄圧エネルギーを用いた油圧システムとなります。

滑らかなスタート動作から高速への早い立上時間と充填直前ではバリの発生を防ぐためにブレーキ動作が必要となり、ダイカストマシンは専用のサーボ弁を用いています。

溶湯の充填完了後は、鋳巣をなくすために瞬時の増圧動作が必要であり、アキュムレータも高速用アキュムレータと増圧用アキュムレータを別個に設けています。その他、ダイカストマシンは火災を予防する目的で作動油は水・グリコールを用いています。

要点BOX
- ●高速な射出と増圧には油圧システムが不可欠
- ●一般的にアキュムレータと専用サーボ弁を使用
- ●水・グリコールの作動油で火災対策

コールドチャンバーダイカストマシンに使われる油圧システム

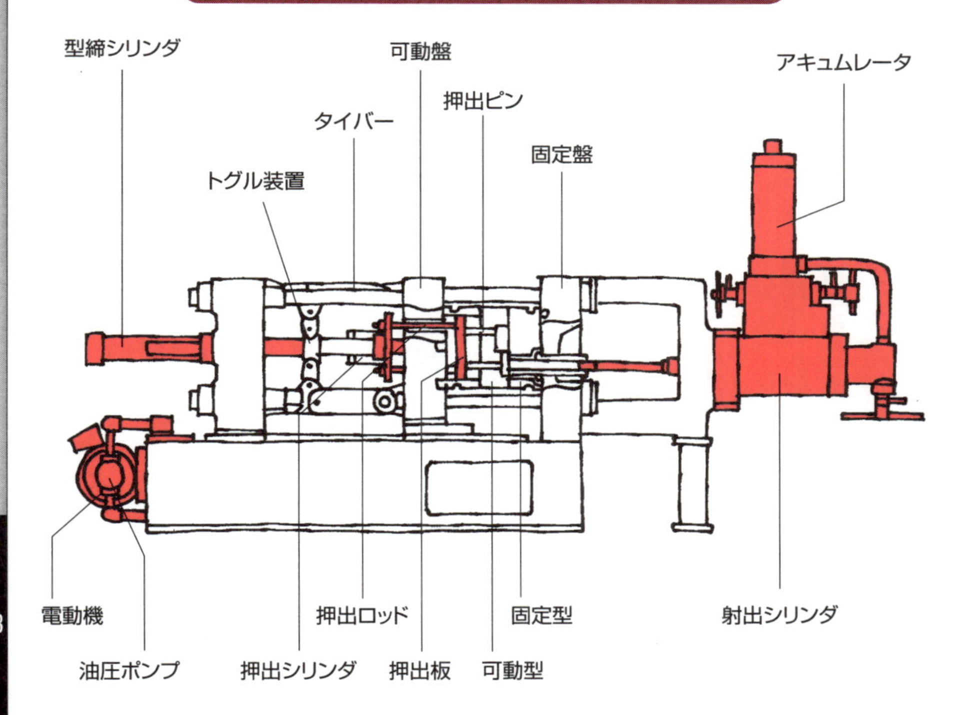

コールドチャンバーダイカストマシンの作動状況

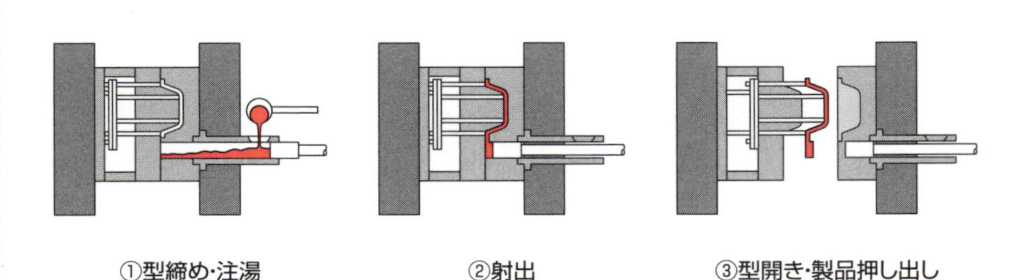

用語解説

コールドチャンバーダイカストマシン：加圧室が溶湯の中にないダイカストマシンで、アルミニウム合金を鋳造できる。
ホットチャンバーダイカストマシン：加圧室が溶湯の中にあるもので、主に低融点合金（亜鉛、鉛、すずなど）の鋳造に使われる。

68 油圧が支える射出成形機

一連の工程で大活躍

主要なプラスチック加工機の射出成形機において、油圧は金型の開閉、射出、製品の押し出しおよび樹脂材料を溶かす可塑化動作に使われています。

金型の開閉機構は主にトグル式、直圧式およびハイドロメカ式の3種類があります。いずれも金型を閉じた後は金型の合わせ面から溶融樹脂が漏れないように大きな型締力を保持する機構です。

型締が完了した後は射出動作です。これは射出筒の内部に溜めた溶融樹脂を金型内に充填する動作です。充填は射出シリンダを用いてスクリューを前進させることによって行います。金型内部に樹脂がうまく充填できるように、射出速度は多段に調整しています。

充填が完了した後の冷却期間中は射出シリンダを圧力制御に切り換えて、樹脂が縮小する分を補充しています。この動作を一般に「保圧制御」といいます。保圧制御では、樹脂材料ごとの圧力、温度と容積の特性および製品の形状に合わせて圧力を多段に調整しています。

冷却完了後は「ペレット」と呼ばれる固形の樹脂材料を溶かす動作になり、これを一般に「可塑化」と呼んでいます。

可塑化動作はバンドヒータによる加熱と、油圧モータでスクリューを回転させることによって、射出筒との摩擦熱で溶かしながら樹脂材料をスクリューの先端部分に移送させます。同時に、スクリューは先端の樹脂圧による反力を受けて、後退します。スクリューが所定の位置に戻ったら、可塑化が完了です。金型を開き、製品を取り出し1サイクルの終了です。

射出成形機は1サイクル中に圧力、流量を多段に切り換える必要があり、応答性と繰り返し性が特に重要です。省エネ性も求められ、定容量形ポンプの回転速度をACサーボモータにより制御し、圧力・流量を制御する方式が用いられています

要点BOX

- ●金型の開閉から製品の取り出しまで、広く使用される
- ●重要なのは応答性と繰り返し性

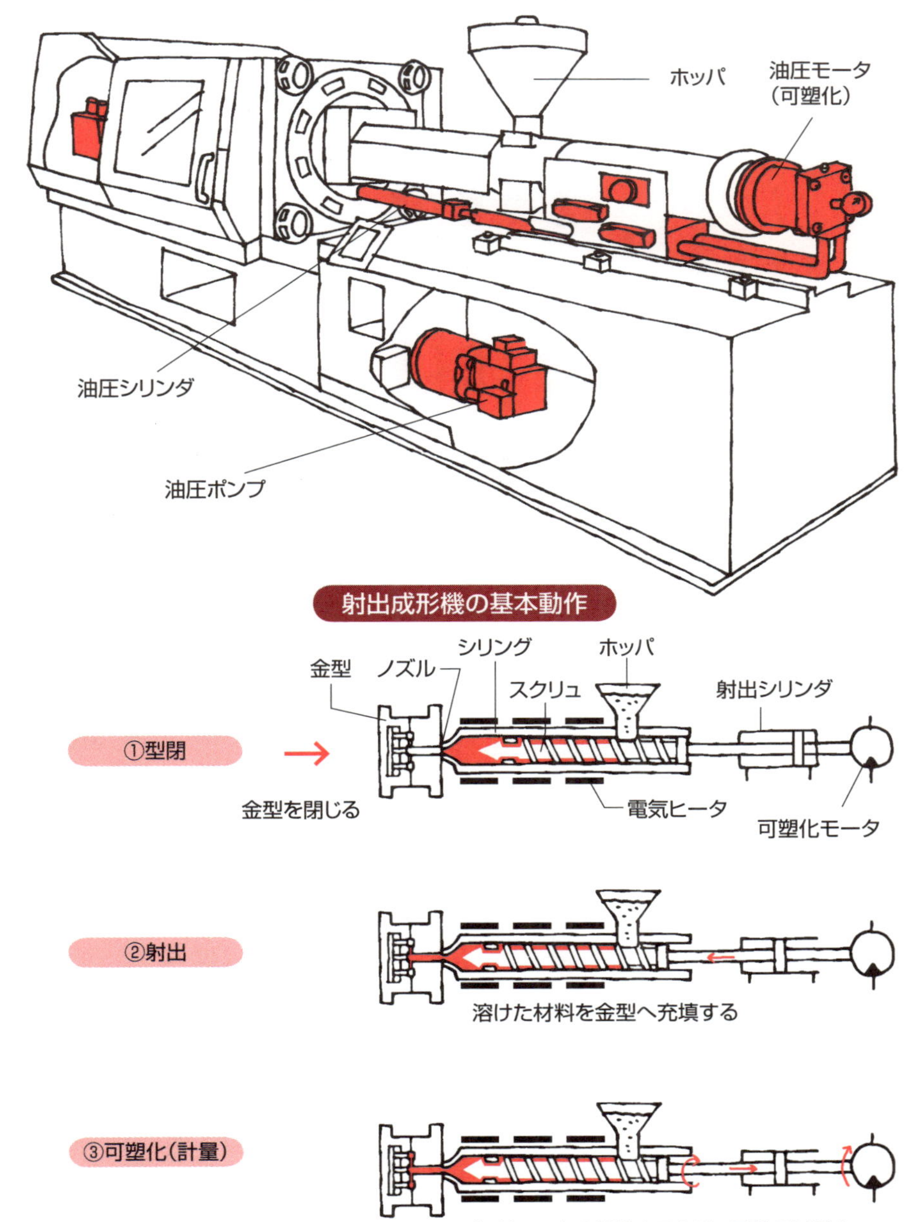
射出成形機に使われる油圧システム
ホッパ
油圧モータ
（可塑化）
油圧シリンダ
油圧ポンプ
射出成形機の基本動作
金型
ノズル
シリンダ
スクリュ
ホッパ
射出シリンダ
①型閉
金型を閉じる
電気ヒータ
可塑化モータ
②射出
溶けた材料を金型へ充填する
③可塑化（計量）
バンドヒータの加熱とスクリュ回転で材料を
溶かす。同時にスクリュを所定位置へ戻す

Column

油圧機器の統計資料から見える傾向

日本フルードパワー工業会では毎年、会員会社の油圧機器生産量の統計を取り、ホームページに公開しています。ただし、この中には自動車のパワーステアリング用に大量生産されているベーンポンプや航空機用、建設機械用などの一部は含まれていません。

この統計には、油圧機器の需要部門別および機種別におけるそれぞれの出荷量があります。

過去10年の需要部門別の統計結果を見ますと、土木建設機械向けと単体輸出が大きく伸びていますが変動も大きいことが示されています。工作機械向けはこの10年で多少減少しています。

油圧機種別では、複合モータ、ピストンポンプ、比例弁の伸びが大きく、逆にサーボ弁は減少しています。これは土木建設機械向けが大きく伸びたこと、最近のコンタミに強いバルブの要求や強い省エネルギー化の要求が反映されていると考えられます。

サーボ弁は高応答で高精度制御に優れたバルブですが、作動油のコンタミ管理基準が厳しいこととエネルギー損失の大きい点があります。

この10年は油圧ポンプの回転速度制御による省エネ化やRoHS指令などの環境対応、センサー付切換弁などによる機械安全対応が進められてきましたが、今後はますます電動方式に比べて、安全、安心な油圧システムが要求されてくると考えます。

●油圧機器の機種別における出荷量の推移

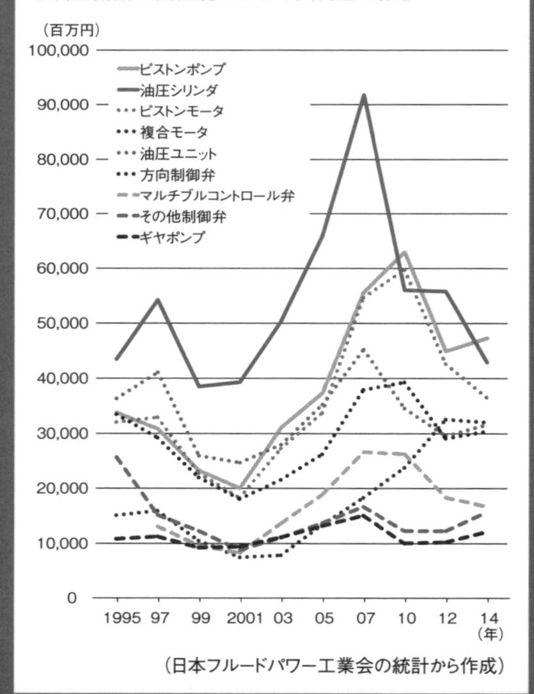

(日本フルードパワー工業会の統計から作成)

【参考文献】

『油圧技術便覧』油圧技術便覧編集委員会編、日刊工業新聞社
『油空圧便覧』日本フルードパワーシステム学会編
『実用油圧ポケットブック　2012年版』日本フルードパワー工業会
『油圧基幹技術－伝承と活用』日本フルードパワーシステム学会編、日本工業出版
『油圧工学』石原智男著、朝倉書店
『油圧工学の基礎』久田丈夫編、日刊工業新聞社
『油空圧工学　機械系大学講義シリーズ』山口惇、田中裕久共著、コロナ社
『油圧機器と油圧回路　新機械設計製図演習』高橋浩爾ほか著、オーム社
『油圧機器と応用回路』金子敏夫著、日刊工業新聞社
『フルードパワーの世界』日本フルードパワー工業会
『フルードパワーの世界　追補版』日本フルードパワー工業会
『油圧教本』塩崎義弘ほか著、油圧教育研究会編、日刊工業新聞社
『わかりやすい機械教室　油圧の基礎と応用』高橋徹著、東京電機大学出版局
『知りたい油圧　基礎編』不二越油圧研究グループ編、ジャパンマシニスト社
『知りたい油圧　実際編』不二越油圧研究グループ編、ジャパンマシニスト社
『知りたい油圧　応用編』不二越油圧研究グループ編、ジャパンマシニスト社
『知りたい油圧　回路・資料編』不二越油圧研究グループ編、ジャパンマシニスト社
『油圧と空気圧のおはなし』辻茂著、日本規格協会
『図解　はじめての油圧装置』塩田泰仁監修、はじめての油圧装置編集委員会著、科学図書出版
『やかりやすい油圧の技術』林義輝著、日本理工出版会
『これならわかる油圧の基礎と油圧回路』鈴森公一、中村公昭著、日刊工業新聞社
『これならわかる油圧の実用技術』油圧技術研究フォーラム編、オーム社
『油圧ピストンポンプの設計　機械システム設計シリーズ』渡部富治ほか著、日刊工業新聞社

『ピストンポンプ・モータの理論と実際』石原貞男著、オーム社
『タンクの設計』松居国夫著、パワー社
『プロの教えるシールのごくい』宗孝著、技術評論社
『流体力学』植松時雄著、共立出版
『流体力学のはなし』ヴェ・イ・メルクーロフ著、橋本英典訳、東京図書
『流れの科学　自然現象からのアプローチ』木村竜治著、東海大学出版会
『流れの力学』細井豊著、東京電機大学出版局
『EXCELで解く配管とポンプの流れ』板東修著、工業調査会
『ベルヌーイの定理と現代テクノロジー』細川巌著、共立出版
『油圧のカラクリ　技能ブックス』手嶋力著、大河出版
『機械保全技能ハンドブック　油圧装置編』日本プラントメンテナンス協会機械保全技能ハンドブック編集委員会編、日本プラントメンテナンス協会
『保全マン必携　油圧機器べからず集』東京計器著、JIPMソリューション
『油・空圧の本1』日本プラントメンテナンス協会編、日本プラントメンテナンス協会
『技能検定学科試験問題解説集　油圧装置調整』中央職業能力開発協会監修、雇用問題研究会編、雇用問題研究会
『油圧装置調整の総合研究』編集委員会編、技術評論社
『技術史入門』中山秀太郎著、オーム社
『油空圧システムの環境改善に関する研究』機械振興協会　技術研究所

今日からモノ知りシリーズ
トコトンやさしい
油圧の本

NDC 534

2015年11月25日　初版1刷発行
2025年 6月20日　初版9刷発行

©著者　渋谷 文昭
発行者　井水 治博
発行所　日刊工業新聞社
東京都中央区日本橋小網町14-1
(郵便番号103-8548)
電話　書籍編集部　03(5644)7490
販売・管理部　03(5644)7403
FAX　03(5644)7400
振替口座　00190-2-186076
URL　https://pub.nikkan.co.jp/
e-mail　info_shuppan@nikkan.tech
印刷・製本　新日本印刷(株)

●DESIGN STAFF
AD―――――――志岐滋行
表紙イラスト―――黒崎　玄
本文イラスト―――小島サエキチ
ブック・デザイン ――大山陽子
(志岐デザイン事務所)

●
落丁・乱丁本はお取り替えいたします。
2015 Printed in Japan
ISBN　978-4-526-07482-0　C3034

●定価はカバーに表示してあります

●著者略歴
渋谷　文昭(しぶや・ふみあき)

1950年5月9日埼玉県生まれ。1973年3月東京電機大学工学部精密機械工学科を卒業し、同年4月東京計器(株)に入社。以来、油圧システムの設計業務に携わる。2018年5月春の叙勲にて瑞宝単光章を受賞。2020年3月末東京計器(株)を退職。

現在の油圧業界での活動
日本フルードパワーシステム学会フェロー、中央職業能力開発協会中央技能検定委員、日本フルードパワー工業会油圧ポケットブック編集委員会顧問、空気圧ポケットブック編集委員会顧問

著書
『実用油圧ポケットブック』共著、日本フルードパワー工業会
『フルードパワーの世界　追補版』共著、日本フルードパワー工業会
『油圧機器べからず集』共著、(株)JIPMソリューション
『油圧基幹技術ー伝承と活用』共著、日本フルードパワーシステム学会
『油圧・空気圧回路　書き方&設計の基礎教本』共著、オーム社
『わかる!使える!油圧入門<基礎知識><段取り><回路設計>』日刊工業新聞社
その他、雑誌多数